小麦玉米

高产栽培300问

◎ 尹亚梅　主编

中国农业科学技术出版社

图书在版编目（CIP）数据

小麦玉米高产栽培300问／尹亚梅主编．—北京：中国农业科学技术出版社，2017.3

ISBN 978－7－5116－3002－5

Ⅰ.①小…　Ⅱ.①尹…　Ⅲ.①小麦－高产栽培－栽培技术－问题解答②玉米－高产栽培－栽培技术－问题解答　Ⅳ.①S51－44

中国版本图书馆CIP数据核字（2017）第045102号

责任编辑　白姗姗
责任校对　马广洋

出 版 者　中国农业科学技术出版社
北京市中关村南大街12号　邮编：100081
电　　话　(010)82106638(编辑室)　(010)82109702(发行部)
(010)82109709(读者服务部)
传　　真　(010)82106650
网　　址　http://www.castp.cn
经 销 者　各地新华书店
印 刷 者　北京富泰印刷有限责任公司
开　　本　850mm×1 168mm　1/32
印　　张　6.625
字　　数　177千字
版　　次　2017年3月第1版　2017年3月第1次印刷
定　　价　28.00元

出版说明

自2010年以来，新源县被定为新疆维吾尔自治区粮食高产创建活动建设单位，为完成好此项任务，新源县农业技术推广部门根据新疆维吾尔自治区农业厅的实施方案要求，在上级业务主管部门的指导下，全面吸收过去高产攻关试验示范活动成果和经验的基础上，紧密围绕“种子工程”“丰产科技工程”“植保工程”三大工程，在实施“十、百、万”高产创建示范活动中，积累了丰富的高产经验，配套集成了一批小麦、玉米高产优质高效栽培新技术，为稳定提高小麦、玉米单产提供了技术支撑，全面提升了新源县粮食综合生产力和市场竞争力，对于确保粮食安全，保证有效供给，为国民经济稳定较快发展打好坚实基础具有重大意义。

但还存在一些影响小麦玉米单产提高的技术问题，影响新源县小麦玉米整体产量水平的提高，鉴于此，借助高产创建项目的实施，出版本书，旨在促进小麦、玉米高产栽培技术的推广普及，提高农业技术的到位率和入户率，为农业综合生产力的增强，为农业增产、农民增收发挥积极的推动作用。

本书在编写过程中参阅和使用了相关网站的内容，由于联系上的困难未能和部分作品的作者取得联系，对此谨致深深的歉意和感谢！

序　　言

小麦、玉米作为新源县最重要的粮食作物之一，每年播种面积占总播面积的65%左右，历来受到各级农业部门的重视。2010—2016年，在上级部门的支持下，新源县实施了小麦、玉米高产创建项目，在项目的实施过程中，通过调查、试验、示范，积累了丰富的农业生产经验，为引导农民科学种田，实现小麦、玉米“高产、优质、高效、生态、安全”的发展目标，现由新源县农业技术推广站多年负责高产创建项目实施的农业科技人员编写了本书。在编写过程中，本着“简单、实用、实效”的原则，坚持理论与实践相结合，传统生产经验与现代科学技术相结合，以通俗易懂的语言，解答农民在小麦、玉米生产中遇到的疑难问题，以提高小麦、玉米高产栽培技术推广应用的覆盖面，以促进新源县的社会主义农村经济的不断发展，维护农村社会的安全稳定。

由于编者水平有限，书中难免存在不当之处，请读者批评和指正。

编　者

2017年2月

目　　录

第一篇　小麦

第二章　小麦用种知识

第三章　小麦播种技术

第二篇　玉米

第五章　玉米田间管理疑难解析

第一篇　小麦

第一章　小麦生产基本知识

1. 小麦生产对人们的生活有着怎样的重要性？

答：小麦在我国的种植面积和产量仅次于水稻，是居第二位重要的粮食作物。小麦籽粒营养丰富，蛋白质含量高，一般为 11%～14%，高的可达 18%～20%；氨基酸种类多，营养成分丰富，适合人体生理需要。麦胶蛋白和谷蛋白能使面粉加工制成各种食品，是食品工业的重要原料。从制品数量、制品花样的多少来看，小麦均居各类作物之首。

2. 我国小麦在世界小麦生产中占怎样的地位？

答：全世界常年种植小麦一般在 2.2 亿公顷（33 亿亩*），占世界谷物总面积的 32%。就各国小麦种植面积而言，以中国最大，俄罗斯其次，美国第三。小麦总产 5.7 亿吨左右，占谷物总产的 28.9%。世界小麦产量最多的是中国，约占世界产量的 29%，其次是俄罗斯、美国、印度、法国、加拿大，产量占世界的 67.2%。种麦大国单产（亩产）比较，美国：单产 194 千克，排世界第 41 位；加拿大：单产 151 千克，排第 61 位；澳大利亚：单产 127 千克，排第 74 位；中国：单产 244 千克，排第 25 位；欧洲国家：单产 500 千克以上。

---

* 1 亩≈667 平方米，1 公顷＝15 亩。全书同

3. 小麦的植物体由哪些器官组成？各自有什么特征？

答：小麦植物体由根、茎、叶、花、果实、种子六大器官组成。根是由不定根组成的须根系。茎中空的草质茎，茎内维管束散生，无形成层，长成后不再加粗。叶形为披针形，叶脉为平行脉。小麦的花排列为复穗状花序，通常称作麦穗。麦穗由穗轴和小穗两部分组成。穗轴直立而不分枝，包含许多个节，在每一节上着生1个小穗。小穗包含2枚颖片和3～9朵小花。

4. 什么叫小麦的生育期？在整个生育周期中，分为哪几个生育时期？

答：小麦从萌发到形成新的种子称为小麦的一生。生产上，通常以播种到成熟称为小麦的生育期。新源县的小麦生育期一般为240天左右，在整个生育周期中，小麦以一定顺序形成各种器官，使植株形态特征发生明显的变化，根据这种变化，又可分为12个生育时期。

（1）播种期：播种后，如果墒情适宜，种子很快会萌动发芽，因此，计算小麦全生育期的天数，一般从播种期算起，本区播种期一般在10月中下旬。

（2）出苗期：田间有半数麦苗露出地面2～3厘米的时候，即为出苗期，如果墒情好温度适宜，1周左右就能出苗。

（3）分蘖期：一般麦田在出苗后约15天，当主茎长出3片叶，第4片叶刚开始出现时，在主茎第1片叶的叶腋处长出主茎的第1个分蘖。当田间有一半麦田第1个分蘖露出叶鞘时，即为分蘖期。

（4）越冬期：在冬前日平均温度下降至0℃左右，麦苗基本上停止生长时，即为越冬期。

（5）返青期：当跨年度生长的叶片由叶鞘长出1～2厘米，

全田有半数麦苗达到这一程度，而且仍处匍匐状态时，即为返青期。冬性、半冬性品种匍匐状态较为明显，春性品种不明显。

(6) 起身期：全田有半数以上的麦田由匍匐状转向直立生长，主茎的春生第2片叶接近定长，幼穗分化进入小穗原基分化期时，即为起身期。

(7) 拔节期：全田半数以上的麦田第一伸长节间露出地面1.5~2厘米，幼穗分化进入药隔期时，即为拔节期。

(8) 挑旗期：麦田半数以上的旗叶全部伸出叶鞘，幼穗分化接近四分体形成期时，即为挑旗期。

(9) 抽穗期：麦田半数以上的麦穗顶端（不包括麦芒）露出叶鞘时，即为抽穗期。

(10) 开花期：麦田半数以上的麦穗开始开花时，即为开花期，一般在抽穗后3~6天。

(11) 灌浆期：麦粒胚乳刚呈清乳状开始进入充实期，一般在开花后10~13天。

(12) 成熟期：大部分籽粒的胚乳呈蜡质状，麦穗和穗下节变黄，大部分籽粒变硬，粒重也最高，此时收获正好，认识和了解了小麦这些生育时期，以便于按照不同生育时期进行相应的栽培管理。

5. 麦收时掉在麦地里的种子遇雨后迅速发芽出苗，长成一簇簇的麦苗，尽管温高、雨多，但它不能拔节，更不能抽穗结粒。为什么？

答：这是因为冬小麦一生中要经过几个内部质变阶段，才能完成其生长周期，最后产生种子，这就叫作阶段发育。掉在地上的小麦种子不能拔节，是因为没有经过内部质变阶段，没有完成阶段发育。目前研究比较清楚的是春化阶段和光照阶段。它们的特性是：①每个发育阶段需要一定的综合的外界条件，如水、温、光、养分等，而其中有一两个因素起主导作用。②每个发育阶段有着不可逆性，条件不适宜时，停止但不能倒行。③顺序性，当前一阶段没有结束以前，即使条件适宜后一阶段的生长，也不能进入后一阶段。

6. 什么是小麦的春化阶段，有什么样的特点？

答：也叫感温阶段，在适宜的光、水、养、气等综合外界环境条件下，小麦萌动的胚或幼苗幼嫩的茎生长点必须经过一定时间和一定程度的低温才能正常抽穗、结实，如果一直处在较高温度条件下，则不能形成结实器官。小麦这种以低温为主导因素的发育阶段就称为春化阶段或感温阶段，各品种通过春化阶段要求的温度、时间不同。

（1）冬性品种：对低温要求严格（0～3℃）、所需时间长（35天以上）完成春化阶段。未经春化的种子，春播不能抽穗。

（2）半冬性品种：对低温的要求介于冬性和春性之间（0～7℃，经15～35天）可通过春化阶段，未经春化的种子，春播不能抽穗或抽穗不整齐。

（3）春性品种：对低温要求不严格（0～12℃）、所需时间短（5～15天）可通过春化阶段，未经春化的种子，春播能正常抽穗。

7. 什么是小麦的光照阶段，有什么样的特点？

答：感光阶段，小麦通过春化阶段以后，在适宜的温、水、养、气等综合外界环境条件下，其幼苗的茎生长点对每天的光照时数和光照持续日数的多少反应特别敏感，光照时数较少或光照持续日数不足，不能抽穗、结实；如果给予连续光照，则可加速抽穗、结实。小麦的这种以光照为主导因素的发育阶段就称为光照阶段或感光阶段。对感光性的不同反映，分为3种类型：①反应敏感型品种，对长日照反应敏感；②反应中等型品种；③反应迟钝型品种，对长日照反应不敏感。

8. 阶段发育与器官形成有怎样的关系？

答：一般认为茎生长锥伸长期是小麦通过春化阶段的标志，小麦穗分化达二棱期，春化阶段结束。小麦完成春化阶段转入光照阶段，光照阶段结束于雌雄蕊原基分化期。春化阶段是决定叶片、茎节、分蘖和次生根数多少的时期。光照阶段是决定小穗和小花多少的时期。

（1）春化阶段：是小麦分化叶原基、分蘖原基、次生根及原始茎节的时期，春化和分蘖同时进行，春化阶段长分化的叶片及分蘖原基的数量就多，进入光照阶段后数量不再增加。春化阶段茎生长锥处于未伸长期，顶端分生组织不转入幼穗的分化。

（2）光照阶段：是分化小穗小花的时期，延长光照阶段有利于增加小穗数和小花数，从而穗大粒多。翌年春天气温回升到4℃以上时，茎生长点开始伸长，穗分化开始，标志着进入了光照阶段，到穗分化到♀、♂原基形成（顶端小穗形成）时（植株开始拔节），光照阶段结束。

9. 阶段发育理论的实践意义是什么？

答：（1）有助于正确引种：了解了小麦的阶段发育的特征和外界环境条件，有助于正常的引种，如果南种北引，由于北方温度低，日照长，一般表现早熟，但抗寒性差，冬季容易受冻害死苗；若北种南引，年前可能通不过春化阶段，表现为发育延缓，造成不结实，或成熟晚，甚至不能抽穗，一般地从纬度海拔、气候相同或相近的地区引种较易成功。

（2）有助于决定不同品种的播期、密度：小麦进入光照阶段以后，生理上发生一系列变化，代谢强度提高，吸收矿质元素的能力增强、抗寒力减弱；小麦播种时，由于冬性强的品种春化阶段时间长、耐寒性分蘖较强，可适当早播，且播量可适当少些。春性品种春化阶段短，幼苗初期生长发育较快，在适期范围内，可适当晚播，并适当增加播量。

（3）加速育种世代：对通过春化以后的小麦，可增加光照，提高温度，加速光照阶段的进行，缩短生育期，提前收获。

10. 麦粒是由哪几部分组成的？

答：麦粒是小麦的果实，俗称种子。它是由皮层、胚和胚乳三部分组成的。包在麦粒最外面的是皮层，由种皮和果皮在一起而成，占种子重量的5%～7.5%，其厚度因品种和栽培条件而有不同。种皮里边有一层薄壁细胞，含有色素，这就使不同品种的麦粒具有不同的颜色。

在皮层里面，占麦粒重量90%～95%的是胚乳。这是麦粒中贮藏的营养物质。在种子发芽的时候，幼胚就依靠胚乳供应营养而发育成幼苗。

胚位于种子背面的下端。虽然它的重量只占种子总重量的2%左右，但却是构成种子的最重要部分，而且它的构造也比较复杂。胚是由胚芽、胚芽鞘、胚根、胚根鞘等几部分构成的。胚芽发育成小麦的植株；胚根长成小麦的种子根；胚芽鞘和胚根鞘都呈管套形状，分别包在胚芽和胚根的外面，起着保护幼芽和幼根的作用。

11. 小麦种子是怎样萌发出苗的？

答：小麦种子在经过一段休眠，后熟作用完成以后，遇到适宜的水分、温度和氧气，就开始吸水膨胀。随着吸水量的增加，种子体积越来越大，呼吸作用也越来越强。与此同时，贮藏在胚乳中的淀粉、蛋白质、脂肪等复杂有机物质，也逐渐转化、分解，成为可供胚吸收利用的简单营养物质。有了这些营养物质和能量的供应，胚就开始萌动。在一般情况下，当种子吸水量达到本身重量的30%以上时，开始缓缓的萌发；当种子

吸水量达到本身重量的40%以上时，萌发较快；当种子吸水量达到本身重量的45%~50%时，胚根鞘在胚的下端突破种皮而伸出种子外面，这种现象俗称“拱嘴”或“露白”。在正常情况下，小麦种子萌发是先出根，后出芽。胚根鞘伸出种皮1毫米左右时，主胚根就在其顶端破鞘而出，向下生长。主胚根伸长不久，就从基部又伸出一对侧胚根来，形成3条胚根；条件好时，还会长出第2对侧胚根，形成5条胚根；个别的大粒种子有7条胚根。在胚根萌发的同时，胚芽也逐渐凸起，通常是当胚根长到相当于种子长度一半左右的时候，胚芽鞘便在胚的上端突破种皮而出，这时才算完全萌发。

种子萌发以后，胚根继续向下生长，而胚芽鞘则包卷着第一片真叶向上生长，当胚芽鞘露出地面时，即不再伸长，顶端破裂，从中伸出第1片真叶。第1片真叶伸出芽鞘、展开绿色的叶片，即为出苗。

12. 小麦根系生长特点是什么？

答：小麦的根系属于须根系，是由胚根和节根组成的。胚根也叫做种子根、初生根。一棵幼苗通常有胚根3~5条，最多可达7条。大粒种子胚根多，小粒种子胚根少。当第1片绿叶出现以后，就不再生新的胚根了。节根也叫永久根、次生根。次生根着生于分蘖节上，当麦苗生出2~3片绿叶的时候，节根就从茎基部的节上长出来。三叶期之后，自下而上陆续发生，次生根的发生与分蘖的增加有密切关系，条件适宜时每长出一个分蘖，在同一节上长出2条次生根。小麦的分蘖多，节根也比较多。根系一般入土100~130厘米，最深的可达2米。根系入土越深，抗旱能力就越强。次生根的发生有两个高峰期，一是冬前分蘖盛期，二是拔节始期，据调查，一般约有60%的根系生长在20厘米深的土层里。

小麦根的主要作用是：从土壤中吸取水分和养分，并运送到茎叶中，进行体内有机物质的合成和转化，源源不断地供给小麦生长发育的需要。

13. 小麦茎秆的构造和作用是什么？

答：小麦茎是成丛生长的，有一个主茎和几个侧茎（也叫分蘖）。小麦的茎秆分为地上和地下两部分，地下节间不伸长，构成分蘖节，地上节间伸长，一般有4~6个节间。具有支持、疏导、光合和储藏作用。茎节可分为地上节和地下节两部分，地下节不伸长构成分蘖节，密集于土中。分蘖的地上节间数常等于或小于主茎。主茎的高度因品种和栽培条件不同而不同，低者60~70厘米，高者达140~150厘米，但以80~90厘米为宜。

茎的主要作用是：使水分和溶解在水里的矿物质养分（如氮、磷等），从根部通过茎部的导管由下而上流向叶子和穗部；把叶子光合作用制造的有机营养物质（主要是糖分），通过茎部筛管运输到根和穗子。小麦的茎又是支持器官。它使叶片有规律地分布，以充分接受阳光，进行光合作用。此外，茎还可以贮藏养分，供小麦后期灌浆之用。

14. 小麦的叶片生长有什么样的特点？

答：叶是小麦进行光合作用、呼吸作用、蒸腾作用的主要器官。小麦一生中由主茎分化的叶片数因品种、播种期和栽培条件而不同，可把主茎叶片数分为遗传决定的基本叶数和环境影响的可变叶数两部分，不同生态型品种主茎叶片数有较大不同。春性品种的叶数较少，冬性品种的叶数较多，同一品种早播的叶数较多，晚播较少。新源县冬麦区栽培的小麦品种主茎多为11~14片叶，春小麦为9~11片叶。小麦的叶共12~13片，年前一般长出6~7片，年后茎秆上一般有6片。叶的形状像带子，有平行脉。拔节以后长出的叶片比较宽大，还有明显的叶鞘，紧包在节间外面。叶鞘和叶片相连处的薄膜叫叶舌；

两旁还有叶耳紧包着茎秆。叶是小麦植株合成有机养料的主要器官。叶片中有叶绿体，它能利用太阳光能，把水和二氧化碳合成有机物，并放出氧气。小麦绿叶在阳光下的这种生理活动，就是植物的光合作用。没有光合作用，小麦和其他作物都不能生活。根据着生位置和作用功能不同可分为两类：一类是近根叶组，小麦在播期适宜，肥水充足情况下，一般有8~9片近根叶，密集着生在分蘖节上。其中冬前近根叶6~7片，主要作用是促进冬前分蘖发根，形成壮苗，为安全越冬与返青生长奠定了基础，越冬后相继死亡，另有1~2片近根叶返青后长出，主要促进返青后分蘖发根，壮秆大穗，拔节后功能衰退，孕穗期死亡，第二类是茎生叶组，着生在伸长的茎节上，一般5片左右。主要作用是促进茎秆伸长充实。小穗小花发育，促粒多，粒大、粒重，其功能在灌浆和成熟期开始衰退。

15. 什么是叶面积系数呢？如何测定的？

答：生产实践中常用到叶面积系数，它就是指单位土地面积上小麦植株绿叶面积与土地面积的比值。根据大面积调查证明，丰产小麦不同阶段叶面积系数的指标大体如下：冬前为1，返青时为0.5，起身期为2，拔节期为4，孕穗期（即最大叶面积系数）为5~6，灌浆期为4。通俗地讲，就是要求小麦叶子最大时（孕穗后），1亩地小麦叶子平铺起来要有五六亩地那么大。但也不能使叶面积系数过大，若叶子太大，互相遮阴，制造的营养物质反而会减少，还会使茎部节间软化，易引起倒伏。

16. 小麦是怎样分蘖的？

答：分蘖是小麦的重要生物学特征之一。分蘖的多少、生长的壮弱，对群体的发展与成穗多少有密切的关系。小麦的分蘖发生在分蘖节上。分蘖节是植株地下部不伸长的节间、节和腋芽等紧缩在一起的节群。分蘖在正常情况下，出苗到分蘖约需15天。分蘖的发生是有一定次序的：当小麦长出3片真叶时，首先从胚芽鞘腋间长出分蘖，叫胚芽鞘分蘖。第4片叶出现时，主茎第1片叶腋芽伸长形成分蘖叫分蘖节分蘖，也叫一级分蘖。当一级分蘖长出3片叶时，在其鞘叶腋间长出分蘖叫二级分蘖，若条件适宜，还可长出三级分蘖。小麦的分蘖不是都能抽穗结实的。凡能抽穗结实的叫有效分蘖，一般年前发生较早的分蘖属有效分蘖；不能抽穗结实的分蘖叫无效分蘖。一般年后生出的分蘖属无效分蘖。实践证明，产量高的麦田与有效分蘖多有关。这就是为什么要非常重视有效分蘖的道理。小麦分蘖有二次高峰：第1次在年前，一般在11月中旬进入第1次分蘖高峰，历时约20天；第2次高峰在翌年返青后至起身期。小麦起身后，持续逐渐停止，并出现两极分化，大的、壮的分蘖成穗；小的、弱的逐渐死亡。小麦进入越冬期壮苗和旺苗的标准。冬性和半冬性品种主茎叶龄6至7时为壮苗，达到8叶时即为旺苗，有可能提前拔节，春性品种5叶至6叶为壮苗，7叶时为旺苗。

17. 哪个部位是小麦的分蘖节？小麦分蘖节的功能是什么？

答：小麦茎的节数一般有11~12个，多的17节以上，而伸出地面的节只有4~6个，其余的节都留在地面以下，密集于茎基部，这一群密集的节，统称为分蘖节。

分蘖节的功能长出分蘖和次生根，而且分蘖节又是小麦生活中的重要部分，它贮藏许多营养物质，这些营养物质可增强分蘖节的抗寒能力，同时又是幼苗在越冬期间进行呼吸作用，维持生命活动的能量来源，也是翌年返青时幼苗生长的物质基础。

18. 小麦分蘖的特点是怎样的？

答：短期播种的冬小麦，一般在出苗后半个月左右开始分

蘖，此后一个多月时间内达到冬前分蘖高峰。11 月底至 12 月初，当温度低于 2～4℃时，便停止分蘖。翌年春天开始返青，又继续形成新的分蘖，在肥水充足的高产田，在 3 月下旬至 4 月上旬，幼穗的二棱期至小花期停止分蘖，达到年后分蘖高峰，出现最高分蘖数。以后分蘖出现两极分化，其结果，有部分分蘖成穗，部分分蘖死亡，能抽穗的蘖叫有效分蘖，中途死亡或不能开花结实的分蘖，叫无效分蘖。

19. 小麦开花的特点是什么？为什么喷药期要避开扬花期？

答：小麦一般在抽穗后 3～6 天开花，但在低温阴雨的天气条件下也可推迟到 7～8 天。小麦开花的顺序是：同一株中，主茎先开，然后向上、向下渐次开放，在同一穗上，中部小穗先开，然后向上、向下渐及开放；而在同一小穗中，则基部小花先开，然后依次向上。小麦昼夜开花，但多在白天 7～11 时，15～18 时。全穗在 7 天左右开完，花粉粒落在柱头上 1～2 小时发芽，经过 24～36 小时受精，受精后 30～35 天籽粒成熟。小麦开花时，如喷药或遇阴雨，药水或雨水进入花内，会使花粉粒吸水胀裂，产生不孕，降低结实率；如遇药液，会杀死花粉粒，影响受粉、受精。因此，喷药要尽量避开扬花盛期。

20. 麦穗的形态特征是什么？不孕小穗是怎样形成的？怎样减少不孕小穗？

答：每个麦穗由许多小穗组成。小穗一般分左右两排。一个麦穗有 12～20 个小穗。因此，一个麦穗是一个复穗状花序。通常情况下，麦穗上的小穗数目越多，产量就越高。旱薄地上每个麦穗只有几个穗码，群众叫“蝇头小穗”，这种麦田产量不高。

麦穗结粒后，我们常常看到有的麦穗基部的第 1、第 2 个小穗，严重的还有第3个小穗不结粒，叫不孕小穗。形成不孕小穗的原因是多方面的，从内因来说，与品种特征有关，其外因主要是由于营养不良、光照不足、肥水不当、盐碱过大等造成的。小麦拔节后，麦穗体积猛烈增长，需要大量养分。养分供应不足，小穗虽然已经形成，但小花、雌雄蕊发育不正常或没有雌雄蕊，因此不能受粉结实。一般认为这个阶段正是小花和雌雄蕊形成期。这时，植株的外部形态正是拔节至孕穗期，这个时期，如果群体过大，株间荫蔽，通风透光不良，光合作用减弱，或者控制得过狠、肥水供应不充足，就会形成不孕小穗。所以，在达到合理群体结构的情况下，再抓住这个关键时期，追肥浇水，保证足够的营养物质，特别是碳水化合物，便可以减少不孕小穗和不孕小花。

21. 什么叫同伸器官？小麦不同器官的同伸关系是怎样的？

答：小麦植株的根、茎、叶、穗、粒等，都叫器官，在栽培管理中，通常把小麦的叶片、叶鞘、节间分蘖等也看做是不同的器官，并把在同一时期内同时伸长的器官叫做同伸器官。小麦的各个不同器官之间，有明显的同伸关系。一般是，当某1片叶的叶片伸长时，它前1片叶的叶鞘、前2片叶所着生的那个节间以及前3片叶的叶腑间的分蘖，也都同时伸长。例如，在第5片叶的叶片伸长时，第4片叶的叶鞘、第3片叶所着生节的节间以及第2片叶的叶腋间的那个分蘖的第1片叶，也都同时伸长。因此，它们都属于同伸器官。了解这种同伸关系，对于推测主茎不同叶龄时的茎蘖数以及根所叶龄进行促控管理，都是很有用途的。

22. 低温天气对小麦扬花有怎样的影响？

答：小麦是自花授粉作物，主要的授粉方式是自花授粉，

也能异花授粉，即接受其他植株上的花粉受精，但这种授粉方式发生的几率较小。小麦扬花期的适宜温度为16～21℃，最低温度为9～11℃，最高温度为30℃，温度过高或过低均会影响授粉受精，降低结实率。一般小麦进入扬花期后已经完成授粉受精，在小麦没有扬花、处于闭颖授粉阶段时遇到低温，柱头受到冷害，会影响授粉受精，出现空壳；如果柱头没有受到冷害，仅花粉管受害，开颖时柱头伸出颖壳外，接受外来的花粉受精，还能结实。但低温来临时（最低气温4℃以下），处于授粉阶段的颖花受害，出现不结实现象；已完成授粉受精或避过低温期授粉的小麦结实率不受影响。在田间，小麦主茎穗比分蘖穗先开花；每个穗中部小穗先开花，然后向上向下依次开花；一个穗子所有的小穗开完花需要3天左右的时间，全田麦穗开完花需要4～5天时间。在低温持续只有2～3天的情况下，田间小麦会出现部分麦穗结实正常、部分麦穗整穗不结实、部分麦穗只有部分小穗结实的现象。不同田块温度等条件不同，小麦受害程度也有差异，地势低洼、前期施肥较多、遇大雨出现倒伏的田块小麦受害较重。

23. 什么是积温，掌握积温有什么用处？

答：把每日的平均温度累积相加起来叫做积温，积温分有效积温和无效积温。凡能对某种作物生长发育起作用的温度叫有效积温，不能起作用的叫无效积温。小麦的生长温度一般从2～3℃开始，它的各个器官的生育都需一定的积温。例如：种子从吸水到发芽，一共需50℃的累积温度，假如在10月上旬播种，日平均气温15℃，3天累计就是45℃，3天多一点的时间就发芽了。种子发芽后，长出一个叶鞘包着芽，叫胚芽鞘，每伸长1厘米，需要10℃的累积温度，要3天多的时间才能出土，从播种到出土累计就是7天。从出土到第1片绿叶展开还得20℃的积温，这样算起来，从播种到第1片叶展开需要120℃的积温。比如10月中旬播种，10月中旬平均气温20℃，120℃被

20℃一除就等于6天出苗。什么时候播种，什么时候出苗，按这个规律一计算就出来了。当然可能有点差异，但出入不大。

出苗以后主茎每长一片叶约需75℃的积温，把从播种到越冬以前，每天的平均气温加在一块，从中减去120℃，再拿75℃除所得值就是主茎叶片数。因此，了解积温可以推算什么器官什么时候出来，以掌握作物生长发育进程。

24. 什么叫个体？什么叫群体？什么叫合理的群体结构？

答：个体和群体是指植物体间相对的关系。单株植物就是个体，一群植物组成群体，在群体内的环境条件与外界不同，有群体的环境，群体内的各个体也相互影响，例如在群体内的光照条件会随密度而变化，这种情况，掌握不好就会影响发育，因此，合理的群体结构非常重要。小麦的群体结构怎样才算合理，要根据肥水条件、品种特性和产量要求决定。一般麦田，一亩地以40万~50万穗，高产田以50万~60万穗为宜，少了达到高产；多了植株拥挤，通风透光不良，容易倒伏。要达到合理的群体结构，不同肥力，不同播种期，不同品种应采取不同的播量早播的，肥沃的地可适当稀播，晚播麦田要适当增加播量，加大基本苗数一般麦田，在越冬前总蘖数争取达到60万~80万，返青后达到80万~100万苗；高产麦田，冬前总蘖数控制在80万~100万，返青后控制在100万~120万株，为合理的群体结构。

25. 什么是基本苗？掌握基本苗有什么用处？

答：分蘖以前，每亩的苗数叫基本苗。在小麦的栽培上，每亩穗数、每穗粒数、粒重，是构成小麦产量的3个因素，三者既矛盾又统一。在生产上调节好麦田群体结构，使三者达到合理发展，是增产的关键。只有适当掌握亩穗数，造成小麦生

长的合理群体结构，才能达到高产。每亩穗数由基本苗数和成穗率构成的，因此，必须掌握好基本苗数。基本苗多少要根据不同地力、品种和播期决定。一般说，水肥土条件好的基本苗可少些，旱薄地基本苗应多些；分蘖力强、成穗率高的品种，基本苗可少些，早播的基本苗可少些。根据当前大面积生产条件，一般以每亩25万~30万苗较为合适。随地力和管理水平的提高，基本苗数应适当下降，下降多少要依地力、播期早晚水平确定，一般原则是管理水平越高，基本苗可以越少些。因播种期晚或盐碱地等原因单株成穗偏少时，还可适当增加基本苗数到每亩30万~35万。有的晚茬麦田甚至可以增加到40万。

第二章　小麦用种知识

26. 怎样因地制宜选用小麦良种?

答：我国有句俗语是这样说的：好的开始是成功的一半。这句话在无数的实践中被证明是正确的。具体到小麦的栽培技术中来说，这里的开始一半指的是指小麦的种子质量的好坏，直接决定着小麦今后生长的上限。所以，选种应注意以下四点：一是充分了解品种的特征特性，要根据本地区的水文、土壤等情况来综合选择对环境适应力、环境抗逆性等能力较强的种子，这样的种子一方面能够很好地适应环境，另一方面也能够对自然灾害有一定的抵御能力。强调良种良法配套，才能取得理想的效果。目前适合新源县种植的冬小麦品种主要有伊农 18、新冬 41、新冬 42、新冬 29 等；适宜种植的春小麦品种是宁春 16、宁春 17。二是一个品种的好坏不是一成不变的，通过育种家们的不断努力，育成更好更新的品种，就会逐渐淘汰性状逐渐变劣的品种。因此，不管某个小麦品种在当地表现多么好，都要及时每 3 ~ 5 年更换一次新品种。因此，选用良种要经过试验、示范。既要根据生产水平提高不断更换新品种，也要防止不经过试验就大量引种调种及频繁更换良种，以保证生产用种质量。三是任何一个小麦品种都有一定的区域适应性。因此，在选用和引进新的品种时，一定要清楚是否适合当地条件种植，在当地种植时，有哪些需要特别注意的关键技术环节，特别要注意该品种的弱点，以便通过栽培技术扬长避短，充分发挥其优势。四是因为小麦是自花授粉作物，种子是可以自繁自留的。自留种子一定要做到去杂去劣、单收单打、单晒单放、防虫蛀防霉

变，保证纯度和发芽率。不然会严重影响产量和品质。

27. 怎样测定种子发芽势和发芽率？

答：小麦种子的发芽率是指100粒种子7天内的发芽粒数，发芽势是指100粒种子中3天内集中发芽的粒数。小麦种子在储藏期间如保管不善，受潮受热，都易引起霉变或虫蛀而降低发芽率。播种前应做好发芽试验，避免因发芽率过低而造成出苗不好的损失，并为确定播种量提供依据。可采用以下方法：水纸或卫生纸，预先浸湿，将种子放在上面，然后加清水，淹没种子，浸6~8个小时，使其充分吸水，再把淹没的水倒出，把种子摆匀盖好，以后随时加水保持湿润。

28. 如何做好药剂拌种，防治病虫害？

答：同时用杀虫剂和杀菌剂混合拌种，不仅可以防治小麦苗期病虫害，还可以有效减轻小麦后期病虫害发生，一定要给予足够重视。目前许多农民朋友播种前只注意了用杀虫剂拌种防治害虫，忽略了用杀菌剂拌种预防和控制土传和种传病害，这种做法应该及早纠正。一般麦田拌种可采用3%敌萎丹50毫升+2.5%适乐时10毫升+40%辛硫磷25毫升，加水150毫升，拌种10千克。或采用2%立克锈15~20克+40%辛硫磷25毫升，拌麦种10千克。另处，各乡镇要与自身的实际情况相结合选择合适的品种。播种前要做好种子处理，针对不同地区病虫害的发现特点进行拌种，针对黑穗病重发区，可用速保利及立克锈拌种，速保利用量在每100千克种子200~300克；立克锈的用量为100千克种子200克。针对地下害虫多发的地区，可以用40%甲基异柳磷颗粒剂进行预防，用2千克药物掺入30千克细土，耕地时撒入地表即可获得较好的防治效果。针对虫害、病害混发区，可用辛硫酸或甲拌磷等药剂进行拌种，药物与种子的比例为100：（0.1~0.2）。

29. 除了药剂拌种，还要做哪些小麦播种前的种子处理？

答：播种前种子处理，有促进小麦早长快发、增根促蘖、提高粒重等重要作用。常用的种子处理方法有以下几种：发芽试验，待播种子发芽率在90%以上时，可按预定播种量播种；发芽率在85%～90%的可适当增加播种量；发芽率在80%以下的则要更换种子。精选种子，有条件的可用精选机精选；没有条件的可用筛选、风扬等方法，将碎粒、瘪粒、杂物等清理出来。播前晒种，在播种前10天将种子摊在苇席或防水布上，厚度以5～7厘米为宜，连续晒2～3天，随时翻动，晚上堆好盖好，直到牙咬种子发响为止。注意不要在水泥地、铁板、石板和沥青路面等上面晒种，以防高温烫伤种子，降低发芽率。在干旱和干热风常发区，每亩用抗旱剂1号50克加水1千克拌种，可刺激幼苗生根，有利于抗旱增产；在高水肥地播种前用0.5%矮壮素浸种，可促进小麦提前分蘖，麦苗生长健壮，并对预防小麦倒伏有明显效果。微肥拌种，在缺某种微量元素的地区，因地制宜，0.2%～0.4%的磷酸二氢钾，用0.05%～0.1%的钼酸、0.1%～0.2%的硫酸锌、0.2%的硼砂或硼酸溶液浸种，都有一定的增产作用。此外，晚播小麦播前浸种催芽，可加速种子内营养物质水解，促进酶的活动，有利于早出苗和形成壮苗。

30. 使用包衣种子要注意哪些问题？

答：①种衣剂不要和碱性农药、肥料同时使用，在盐碱较重的土地上不宜使用包衣种子，否则容易分解失效。②在搬运种子时，要先检查包装有无破损、漏洞。严防包衣种子被儿童或禽畜误食中毒。③使用小麦包衣种子播种时，工作人员要穿防护服，戴手套，以防中毒。④播种时不能吃东西、喝水，用手擦脸、眼。工作结束后用肥皂洗净手和脸。⑤装过包衣种子

的口袋，用后要烧掉，禁止用来装粮食或其他食品、饲料。⑥盛过包衣种子的盆子、篮子等，必须用清水冲洗干净后再作它用，严禁盛食物。清洗盆和篮子的废水严禁倒入河流、水井或水塘，以防污染水源。

31. 小麦品种为什么会混杂退化？

答：品种混杂退化原因主要有：一是在小麦播种、收藏、脱粒、晒种、运输及贮藏过程中，都有可能出现人为的混杂，即机械混杂，这是目前小麦品种混杂的重要原因之一。二是生物学混杂。在田间不同品种间出现天然杂交，引致后代分离，而出现不良个体，破坏品种的一致性，叫做生物学混杂。当机械混杂严重时，更会加重生物学混杂，加快品种退化速度。三是突变。小麦新品种在推广时，由于各种自然因素的作用，引致小麦产生某些突变，出现突变个性，生产上突破个体的性状多是变差。四是小麦品种本身继续分离有些杂交育成的小麦新品种性状不太稳定，基因型纯合度不高，这些新品种在种植过程中就会继续分离，产生变异个体，造成品种变杂退化。五是选留种质量不高，生产过程中未按本品种典型性状选留种，这样越选偏离度越大。此外留种地间苗时，把长势好的杂苗当成壮苗留下，也会造成品种混杂退化。

32. 怎样防止小麦良种混杂退化？

答：（1）严防机械混杂：收获小麦种子时必要做到单收、单运、单晾和单独贮藏。种子贮藏过程中要防虫、防鼠、防霉。对种子进行晾晒、处理及播种时，工具要清扫干净。

（2）防止生物学混杂：在小麦良种繁育过程中，注意采取必要的隔离措施，严防生物学混杂。如进行必要的空间隔离，即种植不同的小麦品种要间隔一定距离；时间隔离采用错开播种期播种，使不同小麦品种的开花期错开；也可采用屏障隔离法通过高秆作物、树林等屏障，使不同品种的花粉不能传到小麦制种田。

（3）选留种时，严格去杂去劣：特别注意去掉不符合本品种典型性状的植株或麦穗、麦粒，即去杂；去劣是指去掉被病虫害污染的穗粒和生长不良的植株。这项工作是一项长期而必要的工作，要年年进行，就可防止小麦混杂退化。

第三章　小麦播种技术

33. 如何确定适宜的播期？

答：适期播种是培育小麦冬前壮苗、形成健壮的大分蘖和发达的根系、增强抗旱抗寒抗逆能力、奠定高产群体的重要先决条件。生产中常因小麦播种过早造成冬前旺长，为来年小麦生产埋下隐患。小麦播种过早有3大弊端：①造成冬前麦苗发育过快，小麦抗寒能力降低。②冬前过多消耗地力，后期易出现脱肥。③因播后气温较高，增加小麦感病概率。小麦播种过晚也有三大弊端：①造成冬前麦苗较小，影响提高产量。②要想保证一定的群体，必须加大播种量。③晚播使成熟推迟，易遭受后期干热风袭击，抑制灌浆，造成粒瘪减产。

那应如何确定合理播期，掌控小麦冬前发育进程呢？各地应根据当地近10年来的冬前温度计算出小麦适宜播期。据统计，近年来随着全球气候变暖，温度确实呈逐渐增高的趋势，小麦的最佳播期也应适当推迟。目前在新源地区以10月20—30日为小麦最佳播期，过早过晚都对小麦高产不利。

34. 什么是春小麦顶凌播种技术？

答：新源县地处伊犁河谷最东端，境内气候凉爽，土壤肥沃，春小麦每年种植面积在12万亩左右。由于过去传统的生产模式，春小麦的产量一直不高，平均亩产只有350千克左右，新源县农业局于2008年引进推广了春小麦顶凌播种技术，充分利用春小麦种子发芽出苗期，比较耐低温的生理特性。使春小麦的播种时间提前到3月上旬，（平均地温在3～5℃，土壤日消夜冻）比过去提前了20天左右。特别是在新源县东部乡镇，由于冬季风大，田间没有积雪，开春土壤墒情比较差，在春旱的年份，春小麦出苗率低，田间苗稀苗弱，严重影响春小麦的产量。所以，在新源县东部春麦区，推广顶凌播种技术，可以最大限度利用早春的土壤墒情，保证苗全苗壮，增产潜力更大。地块平整，土质松散。最好是施足底肥后秋翻耙平，以待播状态入冬，开春后选择适宜播期直接播种。在未实施秋翻的情况下，可选择较平整的茬地用圆盘耙或切口耙切耙后直接播种。播种后及时进行镇压保墒在冬季积雪较少的地方，当开春地表解冻3～5厘米时即可播种。有些土壤黏度较小的地方早晚地表结冻，可利用午时解冻的有利时机抓紧播种。（以土壤不粘播种机械为宜）在冬季积雪较多或不太平整的地块，为了尽量将播期提前，可在春季积雪开始融化时对待播地块进行带雪耙磨，以加速积雪融化以便适时早播。良种选择推荐选用宁春系列品种。播种量、水肥条件及田间管理与传统的种植方式相同。据田间观察，顶凌播种的春小麦普遍比常规播种的出苗率高，小麦根系发达，植株健壮，分蘖成穗率也高。如果，再结合测土配方施肥技术和有效的植物保护措施，使春小麦亩产达到450千克以上，是完全可以实现的。

35. 春小麦“种在冰上，收在火上”是什么意思？

答：春小麦春天播种，发芽要求温度低，墒情好时，0℃以上就可发芽，早春土壤表层解冻，下层还是冻土时。就可顶凌播种，而春麦收获季节正是伏期高温天气，成熟得很快，因此要抢时收割，这就是春小麦“种在冰上，收在火上”之意。

36. 怎样确定小麦的适宜播种量？

答："以地定产、以产定穗、以穗定苗、以苗定种"是确定小麦播种量的原则。即根据每个地块的水肥条件和管理水平，定出该地块的产量指标，再根据预定的亩产量算出所需要的亩穗数，有了亩穗数再根据品种和播期算出所需要的基本苗数，根据需要的基本苗数和种子的发芽率及田间出苗率，算出播种量。计算方法是：每亩播种量（千克）＝亩基本苗数（万）×千粒重（克）×0.01/发芽率（%）×80%（田间出苗率）。一般适期播种的小麦品种中等地力以每亩基本苗35万～40万为宜，10月10日后播种，每晚播1天，增加0.8万～1.0万基本苗。具体播量根据种子发芽率、千粒重、整地质量综合确定，一般在25～28千克/亩。不同品种的分蘖成穗数和适宜亩穗数差别很大，播种量应有不同；播期早、冬前积温较多、分蘖多、成穗较多，基本苗宜稀，播量应适当减少，土壤肥力基础较高、水肥充足的麦田，小麦分蘖多、成穗多，基本苗宜稀，播量宜少；地力瘠薄、水肥条件差的麦田，分蘖少，成穗率低，播量宜相应增加。

37. 小麦如何做到精细播种？

答：播种的两个环节一定要掌握好。一是播种深度；二是播种的均匀度。掌握合适的播深是播种的首要关键环节。小麦播深3～5厘米，最好4厘米。播种过浅，分蘖节覆土深度过浅，越冬期分蘖节处于"饥寒交迫"状态，抗旱、抗寒能力差、越冬死苗率高。播种过深，则造成小麦出苗时间长，籽粒中养分消耗过多，麦苗细弱分蘖少，次生根少而弱，麦苗黄瘦，由于"先天不足"难以形成冬前壮苗。播种过深还会因为麦苗"难产"导致感病概率增多，加重病害发生。

播种的均匀度应该包括3个方面要注意的问题。一是行内籽粒分布要均匀，保证出苗后每个个体都有同等的生存和生长空间，以实现匀苗壮苗。二是行间的均匀度，避免一行宽一行窄的现象发生，这是对播种机和机手的考验。三是播种深度的均匀一致。生产中一次播种作业面内，行距不等，不同行间深度差别悬殊的情况时有发生，严重影响高产群体的创建和均衡增产。

38. 小麦播量过多，密度过大及过早对小麦生长的影响？

答：合理的播量可以建立合理的群体结构，协调好群体与个体发育的矛盾。目前生产中仍有一些农民朋友深受“有钱买种，没钱买苗”这种根深蒂固的传统观念影响，以为多下点种子好。或者由于整地过于粗放，从而采取加大播量的做法，往往导致麦苗稀密严重不匀，群体内环境条件恶劣，难以实现高产。小麦播量过大有两大害处：①麦苗生长拥挤，苗细弱，个体发育不良，抗冻抗旱能力差，易造成冬季冻害。②小麦群体过大，后期抗倒伏能力差，倒伏风险增加。实际生产中，应根据品种分蘖能力、成穗率、土壤肥力水平及播期早晚综合而定。由于播种量大，造成小麦冬前群体密度大，消耗水分、养分多，无效分蘖多，有些小麦苗徒长，有些小麦生长瘦弱，导致茎节间过长，从而小麦容易倒伏。如果播种过早，小麦苗出土快、分蘖多、生长快、群体大，冬前苗旺，小麦生长中后期脱肥早衰，导致个体生长发育不良，茎秆细弱，容易倒伏。加剧了旺苗形成，不但造成肥水的损失，还会造成小麦返青后脱肥及成熟期倒伏，最终导致产量的降低。

39. 影响小麦种子萌发的因素有哪些？

答：春种秋收的规律决定我们的生产活动，播种的好坏影响产量和质量。那么，影响小麦种子萌发的因素有哪些呢？

（1）品种与种子质量：红皮小麦种子萌发出苗比白皮种子慢；高蛋白角质型品种会导致吸水发芽慢，收获时受雨害、病虫害，可使种子失去发芽力。此外，种子的熟度也影响种子活力高低，蜡熟期和完熟期收获的种子其活力差别不大。

（2）温度：小麦种子发芽的下限温度为2℃，最适宜温度为20℃，上限温度为35℃。日平均温度为18℃，一周左右就可出苗，对于十年九旱地区，必须抢墒播种保全苗。一般在春季昼夜平均温度稳定在2℃时开始播种小麦。

（3）水分：一般小麦种子吸水量达到种子重量的一半时才能发芽。土壤水分不足或过多都会影响小麦发芽出苗率和出苗整齐度。

（4）氧气：小麦的生长需要足够的氧气。土壤黏重会导致通气不良，而这都会降低萌发出苗。

此外，盐碱地中种子吸水困难，发芽缓慢。当含盐量在0.25%以上时小麦出苗率明显降低。施种肥过多，会导致烧种现象而影响出苗。播种过浅或过深，均影响种子发芽、出苗。

40. 为什么好种子有时在田间出苗不好？

答：合格的商品小麦种子，一般发芽率在90%～95%。但在大田生产条件下，往往只有70%～80%能出苗，有时还不足50%。这主要是由于田间不能充分满足小麦发芽的条件。小麦种子发芽需要3个基本条件：①温度。小麦种子发芽的最低温度是1～2℃，最适温度15～20℃，最高温度30～35℃。在最适温度范围内，小麦种子发育最快，发芽率也最高，而且长出来的麦苗也最健壮。温度过低，不仅出苗时间会大大推迟，并且种子容易感染病害，形成烂籽。②水分。小麦种子必须吸收足够的水分（达到种子重量的45%～50%）才能发芽。小麦播种后，土壤水分不足或过多，都能影响出苗率和出苗整齐度。小麦发芽最适宜的土壤含水量为田间持水量的60%～70%。因此，在播种前一定要检查土壤墒情，如果墒情不足，应先浇好底墒水。③氧气。小麦种子萌发和出苗都需要有充足的氧气，在土壤黏重、湿度过大、地表板结的情况下，种子往往由于缺乏氧气而不能萌发，即使勉强出苗，生长也很细弱。

41. 小麦田缺苗断垄如何补救？

答：小麦生产上往往由于种种原因造成麦苗出苗不齐，生产上以麦行内 10 厘米长没有苗为缺苗，16 厘米长没有苗为断垄。造成缺苗断垄的原因很多，如耕作粗放，坷垃多；黄墒抢种，底墒不足；播种深浅不一，有漏播跳播现象；种子质量差出苗率低；地下害虫为害；种子或土壤处理不当发生药害；土壤含盐过高等。对缺苗断垄的麦田如不及时采取措施，不仅浪费土地，对产量也会产生很大的影响。一般采取的补救措施有：查苗补种，出苗后 3 ~ 5 天，将同一品种种子用 20℃温水浸泡 3 ~ 5 小时，捞出后保持湿润，待种子开始萌动时，用小锄或开沟器开沟补种，墒差时顺沟少量浇水，种后盖土踏实。疏苗移栽对进入分蘖期仍有缺苗的地段，可就地疏苗补稀，边移边栽，去弱留壮。移栽时覆土深度以“上不压心，下不露白”为标准。栽后随时捺实，缺墒时及时浇水，有条件的补施少量速效肥料，以利成活和迅速生长。

第四章　小麦的肥水管理技术

42. 如何为小麦的生长创造适宜小麦生长发育的环境条件？

答：（1）土壤：农谚有“土是本，肥是劲，水是命”的说法，说明广大农民都非常重视创造一个适合小麦生长发育的环境。一般认为，最适宜小麦生长的土壤，应是熟土层厚、结构良好、有机质丰富、养分全面、氮磷平衡、保水保肥力强、通透性好。此外，还要求土地平整，这样才能确保排灌自如，使小麦生长均匀一致，达到稳产高产的目的。

（2）水分：水分在小麦的一生中起着十分重要的作用。据研究，每生产 1 千克小麦需 1 000～1 200 千克水，其中，有 30%～40% 是由地面蒸发掉的。小麦出苗后、越冬至返青阶段、返青至拔节期需水都较少；拔节到抽穗，为其水分临界期；抽穗前后，为其日耗水量最大期；从抽穗—乳熟期为需水量较大期，决定产量容量的时期。小麦各生育阶段的适宜土壤含水量指标，冬前要求 70%～80%；越冬期间 65%～75%；返青至灌浆期间 70%～80%；后期要求 60% 左右。所以麦田的不同时期灌水，以及采取抗旱保墒措施，对于补充小麦对水分的需要有十分重要的意义。

（3）养分：小麦生长发育所必需的营养元素有碳、氢、氧、氮、磷、钾、硫、钙、镁、铁、硼、锰、铜、锌、钼等。氮、磷、钾在小麦体内含量多，很重要，被称为“三要素”。新源县中低产麦田一般缺氮少磷，生产中必须注意补充，而钾素除高产田、沙土地外，一般缺乏不太严重。

（4）温度：小麦的生长发育在不同阶段有不同的适宜温度范围。在最适温度时，生长最快、发育最好。不同阶段要求的最适温度是不同的。小麦种子发芽出苗的最适温度是15～20℃；小麦根系生长的最适温度为16～20℃，最低温度为2℃，超过30℃则受到抑制。温度是影响小麦分蘖生长的重要因素。在2～4℃时，开始分蘖生长，最适温度为13～18℃，高于18℃分蘖生长减慢。小麦茎秆一般在10℃以上开始伸长，在12～16℃形成短矮粗壮的茎，高于20℃易徒长，茎秆软弱，容易倒伏。小麦灌浆期的适宜温度为20～22℃。如干热风多，日平均温度高于25℃以上时，因失水过快，灌浆过程缩短，使子粒重量降低。

（5）日照：日照充足能促进新器官的形成，分蘖增多；从拔节到抽穗期间，日照时间长，就可以正常地抽穗、开花；开花、灌浆期间，充足的日照能保证小麦正常开花授粉，促进灌浆成熟。

43. 小麦一生需要养分的规律是怎样的？

答：小麦需肥量及吸收N、P、K的比例为每生产100千克籽粒，需（3.1±1.1）千克N，（1.1±0.3）千克P_2O_5，（3.2±0.6）千克K_2O，三者的比例约为2.8∶1∶3.0。

小麦吸收N、P、K的阶段性变化：小麦吸收N、P、K的一般特点起身期以前麦苗较小，N、P、K吸收量较少；起身以后，植株迅速生长，养分需求量也急剧增加；拔节至挑旗期小麦对N、P、K的吸收达到一生的高峰期：其中，对N、P的吸收量在成熟期达最大值，对K的吸收到抽穗期达最大累积量，其后K的吸收出现负值。中低产麦田一般缺氮少磷，生产中必须注意补充，而钾素除高产田、沙土地外，一般不缺。小麦在不同生育时期吸收养分的数量是不同的，一般情况是苗期的吸收量都比较少，返青以后吸收量逐渐增大，拔节到扬花期吸收最多，速度最快。钾在扬花以前吸收量达最大值，氮和磷在扬花以后还能继续吸收，直到成熟才达最大值。因此在生产上必须按照

小麦的需肥规律合理施肥，才能提高施肥的经济效益。

44. 小麦施用化肥要掌握好哪些原则？

答：注意增施最缺乏的营养元素。小麦施肥需要首先弄清土壤中限制产量提高的最主要营养元素是什么，只有补充这种元素，其他元素才能发挥应有的作用。注意有机肥与化肥的合理配合，有机肥即指含有机质较多的农家肥，具有肥源广、成本低、养分全、肥效长、含有机质多、能改良土壤等优点。化肥具有养分含量高、肥效快等优点。化肥同有机肥配合施用，可以弥补有机肥含养分较低，肥效缓慢的弱点，能及时满足小麦生长发育的养分需要。注意底肥与追肥的合理配合，小麦从出苗到返青对氮的吸收量占总量的1/3以上，从出苗到拔节对磷、钾的吸收量占总量的1/3左右。因此，麦田施用化肥应以底肥为主，追肥为辅。注意土壤质地、茬口和光温条件，粗质砂性土壤保肥能力差，养分亏缺的可能性大，应增加施肥量，分次施肥，避免因一次集中施肥而使养分流失。对于前茬作物生育期长、养分消耗多、土壤休闲时间短的麦田，应增加施肥量。在温度偏低、光照不足的气候条件下，小麦生育进程缓慢，氮素充足可延长营养生长持续时间，但对生殖生长不利，应适当控制氮肥而相对增加磷钾肥的使用量。此外，水浇地使用化肥的增产作用明显大于干旱条件，因此水地化肥用量可高于旱地。

45. 小麦返青后追肥要做到哪“三看”？

答：一是看苗情施肥。在追肥过程中要根据不同的苗情分类追施。一般来说，晚播苗、弱苗应重施肥，提高分蘖成穗率；壮苗则少施或不施返青肥。同时，对于冬季没有形成壮苗或单株分蘖少，每亩总茎蘖数在40万以下的麦田要早施、重施，一般每亩追施三元素硫基复合肥20千克。对于越冬期个体发育良好，群体适中的壮苗则少施或不施，主要控制拔节肥以减少春季无效分蘖的滋生，防止行垄郁闭，有利于通风透光。对群体过大的旺长苗，除在返青期控制肥水外，还要采取深耕、化学调控等措施，控制小麦根、茎、叶的生长。二是看土施肥，沙土地由于“发小苗不发老苗”。保肥保水力差，应适当多施肥，如果施肥不足，对穗数和粒数的多少以及后期的生长都会有一定的影响。黏土地由于前期肥效发挥较差，返青期应少施，孕穗期可采取根外施肥，应注意施肥不要过多，以防贪青和倒伏。三是看天施肥，如果返青期遇下雨天，用化肥施播器将化肥施入，严禁撒施化肥，避免造成烧苗、烧叶，影响小麦生长。撒施化肥不仅小麦不能很好地吸收，还会造成肥料挥发与流失，导致不必要的浪费。天旱时施肥后要及时灌水，以提高化肥的利用率。

46. 在施肥上要抓住哪两个关键时期？

答：(1) 营养临界期：是指小麦对肥料养分要求在绝对数量并不多，但需要程度却很迫切的时期。此时如果缺乏这种养分，作物生长发育就会受到明显的影响，而且由此所造成的损失，即使在以后补施这种养分也很难恢复或弥补。磷的营养临界期在小麦幼苗期。由于根系还很弱小，吸收能力差，所以苗期需磷十分迫切。氮的营养临界期是在营养生长转向生殖生长的时候，冬小麦是在分蘖和幼穗分化两个时期。生长后期补施氮肥，只能增加茎叶中氮素含量，对增加穗粒数或提高产量已不可能有明显作用。

(2) 营养最大效率期：是指小麦吸收养分绝对数量最多，吸收速度最快，施肥增产效率也最高的时期。冬小麦的营养最大效率期在拔节到抽穗期，此时生长旺盛，吸收养分能力强。需要适时追肥，以满足小麦对营养元素的最大需要，获得最佳的施肥效果。

47. 氮、磷、钾对小麦生长各起什么作用?

答：氮素是构成蛋白质、叶绿素、各种酶和维生素不可缺少的成分。氮素能够促进小麦茎叶和分蘖的生长，增加植株绿色面积，加强光合作用和营养物质的积累。所以合理增施氮肥能显著增产。磷素是细胞核的重要成分之一。磷可以促进根系的发育，促使早分蘖，提高小麦抗旱、抗寒能力，还能加快灌浆过程，使小麦粒多、粒饱，提早成熟。钾素能促进体内碳水化合物的形成和转化，提高小麦抗寒、抗旱和抗病能力，促进茎秆粗壮，提高抗倒伏能力，此外还能提高小麦的品质。因此在缺钾的土壤上或高产田应重视钾肥的施用。其他元素对小麦生长发育也有重要作用，不足时都会影响小麦的生长。如缺钙会使根系生长停止；缺镁造成生育期推迟；缺铁会使叶片失绿；缺硼会使生殖器官发育受阻；缺锌、铜、钼则植株矮小、白化甚至死亡。但小麦对这些元素的需要量比上述三要素少得多。每生产100千克小麦籽粒，一般约需吸收氮3千克、磷1.5千克、钾2~4千克。小麦在不同生育时期吸收养分的数量是不同的，一般情况是苗期的吸收量都比较少，返青以后吸收量逐渐增大，拔节到扬花期吸收最多，速度最快。钾在扬花以前吸收量达最大值，氮和磷在扬花以后还能继续吸收，直到成熟才达最大值。因此在生产上必须按照小麦的需肥规律合理施肥，才能提高施肥的经济效益。

48. 怎样进行小麦氮素营养诊断与过量、失调症防治?

答：小麦缺氮症状：植株生长缓慢，个体矮小，分蘖减少；叶色褪淡，老叶黄化，早衰枯落；茎叶常带红色或紫红色；根系细长，总根量减少；幼穗分化不完全，穗形较小。小麦氮过剩症状：长势过旺，引起徒长；叶面积增大，叶色加深，造成郁闭；机械组织不发达，易倒伏，易感病虫害，减产尤为严重，品质变劣。砂质、有机质贫乏的土壤、不施基肥或大量施用高碳氮比的有机肥料，易发生缺氮症状。前茬作物施氮过多，追肥施氮过多、过晚，偏施氮肥，容易发生氮过剩症。小麦缺氮症的防治措施主要有：培肥地力，提高土壤供氮能力。在大量施用碳氮比高的有机肥料如秸秆时，应注意配施速效氮肥。在翻耕整地时，配施一定量的速效氮肥作基肥。对于地力不匀引起的缺氮症，要及时追施速效氮肥。小麦氮过剩的防治措施主要有：根据作物不同生育期的需氮特性和土壤的供氮特点，适时、适量地追施氮肥，应严格控制用量，避免追施氮肥过晚。在合理轮作的前提下，以轮作制为基础，确定适宜的施氮量。合理配施磷钾肥，以保持植株体内氮、磷、钾的平衡。

49. 怎样进行小麦磷素营养诊断与失调症防治?

答：磷过量对作物生长发育直接的不良影响在生产上较为少见，这里主要介绍作物营养缺乏的症状及防治措施。

(1) 症状：作物缺磷时一般表现为：植株生长延缓，叶色深绿或发紫，分蘖少，次生根少而弱。返青、拔节期间次生根不伸展，不下扎或呈“鸡爪根”。地上部生长缓慢，分蘖成穗率低，叶片灰绿，叶鞘发紫，抽穗和成熟推迟，灌浆不足，千粒重低。

(2) 防治：合理施用磷肥。①早施，集中施用磷肥。大多数作物在生育前期对缺磷比较敏感，吸收的磷占总需磷量比例也较大，因此磷肥必须早施。同时，由于磷在土壤中的移动性较小，而生育前期作物根素的分布空间有限，不利于磷的吸收，所以磷肥要适当集中施用。②配施有机肥料和碳。在酸性土壤上应配施有机肥料和碳，以减少土壤对磷的固定，促进微生物的活动和磷的转化与释放，提高土壤中磷的有效性。

50. 怎样进行小麦钾素营养诊断与失调症防治？

答：钾过量对作物生长发育直接的不良影响生产上颇为罕见，因此，这是主要叙述常见作物钾营养缺乏的症状及防治措施。

（1）症状：作物缺钾时，最明显的症状是，初期阶段下部老叶的尖端和边缘变黄，随后变成褐色，呈灼烧状，直至整个叶片死亡，严重时，茎秆细弱，根系发育不良，整个植株呈萎蔫状，籽粒瘪瘦。

（2）防治：合理施用钾肥。确定钾肥的施用量。对于大多数作物，每亩钾肥（以 K_2O 计）用量以 7～10 千克为宜。选择适当的钾肥施用期。由于钾在土壤中较易淋失，钾肥的施用应做到基肥与追肥相结合。在严重缺钾的土壤上，化学钾肥作基肥的比例应适当大一些。由于植物体内氮钾平衡与钾营养缺乏症的发生关系密切，所以，在作物吸氮的高峰要及时追施钾肥，以防氮钾比例失调而促发缺钾症。在有其他钾源（如秸秆还田、有机肥料、草木灰等）作基肥时，化学钾肥以在生育中后期作追肥为宜。广辟钾源。充分利用秸秆，有机肥料和草木灰等钾肥资源，实行秸秆还田，增施有机肥料和草木灰等，促进农业生态系统中钾循环和利用，缓解钾肥供需矛盾，能有效地防止钾营养缺乏症的发生。田间管理措施。提倡冬季翻耕。冬季翻耕一方面可减轻或消除还原性物质对作物根系的危害；另一方面能促进土壤中钾的释放，提高土壤的供钾水平。控制氮肥用量。生产上缺钾症的发生在相当大的程度上是由氮肥施用过量引起的。在供钾能力较低或缺钾的土壤上确定氮肥用量时，尤需考虑土壤的供钾水平，在钾肥施用得不到充分保证时，更要严格控制氮肥用量。水分管理。对于水稻要做到露、搁、晒田相结合，以消除还原性物质对根系的危害及对钾素吸收的抑制作用。对于旱地作物，以开沟排水与施用钾肥相结合防治缺钾症的效果更为显著。

51. 什么是小麦氮肥后移优质高产栽培技术?

答：氮肥后移技术适用于高产麦田，尤其是强筋小麦栽培。传统小麦栽培，底肥一般占60%~70%，追肥占30%~40%；追肥时间一般在返青期至起身期。还有的在小麦越冬前浇冬水时增加一次追肥，使氮素肥料重施在小麦生育前期，在高产田中，会造成麦田群体过大，无效分蘖增多，小麦生育中期田间郁闭，后期易早衰与倒伏，影响产量和品质，氮肥利用效率低。氮肥后移技术将一次性底施氮素化肥改为底施与追施相结合；将底肥比例大的改为底施50%，追肥比例增加至50%，土壤肥力高的麦田底肥比例为30%~50%，追肥比例为50%~70%；同时将春季追肥时间后移，一般后移至拔节期，土壤肥力高、采用分蘖成穗率高的品种的地片可移至拔节中期至旗叶露尖时。这一技术可以有效地控制春季无效分蘖过多增生，塑造旗叶和倒二叶健挺的株型，单位土地面积容纳较多穗数，开花后光合产物积累多，向籽粒分配比例大；促进根系下扎，提高土壤深层根系比重和生育后期的根系活力，延缓衰老，提高粒重；提高籽粒蛋白质含量，改善小麦的品质；减少氮素的损失，提高氮肥利用率，减少氮素淋溶。

52. 小麦叶面施肥有什么作用?

答：在小麦根外喷施叶面肥，可有效地防止小麦早衰和防治病虫害，促使籽粒饱满，增进品质，而且还有用量少、效果快、施用简便等优点。小麦从苗期到蜡熟前都能吸收叶面喷施的氮素营养，但不同生育期所吸收的氮素对小麦生长有不同的影响。一般认为，小麦生长前期叶面喷氮有利小麦分蘖，提高成穗率，增加穗数和穗粒数，从而提高产量，而在生长后期叶面喷施氮肥可明显增加粒重，同时提高了籽粒蛋白质含量，并能改善加工品质。特别是在群体小、个体弱、冻害重、返青晚

的苗情，更应重视根外喷施叶面肥。

53. 小麦叶面肥包括哪些肥料？

答：（1）磷酸二氢钾：在孕穗期和灌浆初期，每亩每次喷0.2%~0.3%浓度的磷酸二氢钾水溶液50~75千克，可促进灌浆，提高千粒重。注意要先喷氮肥用量过多的旺苗田，后喷一般田。若发现蚜虫为害，可在磷酸二氢钾水溶液中加40%的氧化乐果乳油50~75克。

（2）尿素：小麦抽穗开花后，对旱薄地或有早衰现象的地块，每亩用尿素0.75~1千克，对水50~75千克茎叶喷雾，可延长叶片功能期，千粒重提高1克以上。一般田块，每亩用尿素150~200克，磷酸二氢钾100克，对水50千克叶面喷施，对提高千粒重效果也很明显。

（3）过磷酸钙：小麦生长后期，从土壤中吸收磷的能力弱时采用。一般用2%浓度的过磷酸钙浸出液，其配法是：每100千克清水中，加入2千克过磷酸钙，充分搅拌，待24小时后取出澄清液即可。若加入5%~10%的草木灰浸出液混喷，可以消除过磷酸钙中游离酸的不良影响，改善钾素营养，增产效果更好。

（4）硼肥：在小麦孕穗期和扬花期喷硼，可以加速小花发育，增加结实率和千粒重。一般每亩每次用硼酸50~75克或硼砂75~125克，加水稀释至50~75千克，叶面喷雾。由于硼砂在冷水中溶解慢，因此，应先用40℃温水将其溶解，然后再加水稀释至所需浓度。

（5）锌肥：在石灰性土壤、砂性土壤以及连续过量施用磷肥的麦田中，一般易发生缺锌症。在拔节期和灌浆期，喷洒0.1%~0.2%的硫酸锌溶液，每亩每次50~60千克，能增强小麦抗逆能力，减少不孕小穗数，提高籽粒的饱满度。

54. 喷叶面肥须要注意哪些问题？

答：（1）选择适宜的肥料品种和喷施浓度：适宜在小麦上作叶面喷施的肥料与浓度有尿素1%~2%、磷酸二氢钾0.2%、草木灰浸出液10%、硼酸或硼砂0.15%~0.2%、硫酸锌0.2%、农用硝酸稀土0.08%、亚硫酸氢钠0.02%、光合微肥0.2%、抗旱剂1号0.1%等，此外还有小麦专用微肥、丰产宝、喷施宝、绿风95、翠竹植物生长剂等复合营养剂。要根据使用目的合理选择，喷施浓度不可过大。过磷酸钙和草木灰必须充分溶于水中浸泡一昼夜，让有效成分完全溶于水中才能发挥其增产效果，切忌随泡随用。

（2）选择在适宜的时间喷施：叶面肥宜选择在无风的阴天或晴天16时以后进行，尤以傍晚喷施最好。

（3）尽量错开扬花期：以免影响小麦的正常授粉和受精而降低结实率。若需要在扬花期喷肥，则应适当提前或推后，错开每天9~11时和15~18时两个扬花高峰期。

（4）合理混合喷施：将不同的叶面肥合理混合喷施，省工省力，"一喷多效"。如把氮、磷混喷，氮、磷、钾与微量元素肥料，肥料与调节剂或复合营养剂混喷，增产效果均比单独喷施好。喷肥时根据需要加入对路农药兼防病虫，作用更大。

（5）喷肥后如遇降雨，天晴后，应补喷一次。

55. 有机肥和秸秆还田在麦田培肥中有什么作用？

答：有机质含量高的土壤保水保肥，是创高产的基本条件。目前，我国小麦主产区耕层土壤的有机质含量还不高，提高土壤有机质含量的方法：一是增施有机肥，在有机肥缺乏的条件下，主要途径就是秸秆还田。但是在许多地方，大量的作物秸秆和残茬未用于回田，而是置于田边地头以火烧之，浪费了大

量的有机质，并严重污染了环境。单纯依靠化肥，不能提高土壤有机质含量，会使土壤容重、孔隙度等物理性状向不利于小麦生长发育的方向转化，也不能为高产麦田的小麦生长发育提供全面的有机养分和无机养分。重视秸秆还田，能优化麦田土壤的综合特性，增强小麦生产的后劲，是农业可持续发展不可忽视的大事。

56. 采用底施氮肥“一炮轰”的方法，对小麦生长的影响？如何正确施肥？

答：在冬小麦栽培中，氮肥一般分为两次施用，第一次为小麦播种前的底肥；第二次为春季追肥。传统小麦栽培，有的一次性底施，不再追肥；有的底肥占60%~70%，追肥占30%~40%，追肥时间一般在返青期至起身期；还有的在小麦越冬前浇冬水时增加一次追肥。上述施肥比例和时间使氮素肥料重施在小麦生育前期，在高产田中，会造成小麦生育前期群体过大，无效分蘖增多，促进小麦在冬前旺长，拔节期以后田间郁蔽，小麦灌浆期倒伏危险增大，后期易早衰，影响产量和品质，氮肥利用效率低。所以，高产麦田应该采用氮肥后移技术，它是将氮素化肥的底肥比例减少到50%，追肥比例增加到50%，土壤肥力高的麦田底肥比例为30%~50%，追肥比例为50%~70%；同时将春季追肥时间后移至拔节期。利用这项技术，可以有效地控制无效分蘖过多增生，塑造旗叶和倒二叶健挺的株型；建立开花后，光合产物积累多，向籽粒分配比例大的合理群体结构；提高生育后期的根系活力，有利于延缓衰老，提高粒重；有利于提高生物产量和经济系数，最终可显著提高籽粒产量，较传统施肥增产10%~15%；可提高小麦籽粒蛋白质和湿面筋含量，延长面团形成时间和面团稳定时间，显著改善优质强筋小麦的营养品质和加工品质；减少氮肥的损失，提高氮肥利用率10%以上。

57. 冬小麦施肥哪七大问题必须避免？

答：一是有机肥施用量不足。随着农村条件的改善，农民积造农家肥的积极性降低，养殖业逐渐由农户分散饲养转为规模化饲养，农户畜禽粪肥数量减少，而规模化饲养畜禽粪便资源化利用率不高，致使有机肥施用量不足。

二是化肥施用结构不合理。不少农户盲目施肥现象较为严重，造成无效分蘖增加，茎秆细弱，抗倒、抗寒、抗病能力下降，常常遭受冬季冻害和春季倒春寒危害，中后期病虫害加重，易倒伏，从而影响产量。

三是秸秆还田不增施氮肥。秸秆还田是解决有机肥不足的有效措施，但不少农户对该技术掌握不到位，秸秆还田后不增施氮肥。

四是施肥方式不合理。冬小麦产区部分低产田或土壤贫瘠区域存在“一炮轰”的施肥方式，即整地播种期，一次把全部化肥施入土壤，生育期不再追肥。

五是追肥时期不当。大部分冬麦区春季追肥在返青期进行，早春正是小麦春季分蘖和基部节间伸长的关键时期，追肥过早，常常会造成无效分蘖过多，麦田群体过大，茎秆细弱，基部节间过长；还会造成小麦生长中后期田间郁闭，通风透光不良，白粉病等病害加重，导致后期易倒伏而影响小麦的产量和品质。

六是忽略微量元素肥料。施用微量元素也是冬小麦生长发育必需的营养元素。

七是新型肥料盲目施用。有一部分科技含量不高且过度炒作，致使农民认识不清，在投肥方向不明、施用方法不清的情况下盲目施用，造成减产和经济损失。

58. 小麦一生需要多少水分？不同生育时期的耗水特点是什么？

答：据研究，每生产1千克小麦需1 000～1 200千克水，其中，有30%～40%是由地面蒸发掉的。在小麦生长期间，降水量大约只有需水量的1/4。所以麦田的不同时期灌水，以及采取抗旱保墒措施，对于补充小麦对水分的需要有十分重要的意义。

冬小麦备生育时期的耗水情况有如下特点：①播种后至拔节前，植株小，温度低，地面蒸发量小，耗水量占全生育期耗水量的35%～40%，每亩日平均耗水量为0.4立方米左右。②拔节到抽穗，进入旺盛生长时期，耗水量急剧上升。在25～30天时间内耗水量占总耗水量的20%～25%，每亩日耗水量为2.2～3.4立方米。此期是小麦需水的临界期，如果缺水会严重减产。③抽穗到成熟，35～40天，耗水量占总耗水量26%～42%，日耗水量比前一段略有增加。尤其是在抽穗前后，茎叶生长迅速，绿色面积达一生最大值，日耗水量约4立方米。

59. 如何根据小麦的需水规律浇好水？

答：（1）麦田灌水技术：灌水量及灌水次数。一般年份，高产田灌水3～4次，中、低产田灌水2～3次，浇3水，供水时间可确定为冬前、拔节和挑旗或开花，或拔节、挑旗和灌浆初期浇2水，以冬前和拔节期或拔节和开花为宜，只浇1水，应在拔节期。

（2）灌水时期及不同时期灌水的作用：①底墒水。②冬灌的适宜温度为3℃左右，昼消夜冻。一般从5℃时始灌，到3℃时灌溉结束。③返青水。④拔节水。⑤挑旗水。⑥灌浆水抽穗灌浆水。⑦干热风水。根据需要，一般在拔节—灌浆期灌溉1～2次。

60. 做好冬灌，要考虑哪几方面因素？

答：冬灌的好处可以使土壤提高储水量，防止来年春季干旱。这种方法常用于我国北方冬小麦种植，以达到提高产量的目的。要想冬灌效果好，必须考虑3方面的因素，即土壤水分、温度和苗情。从土壤水分方面考虑，如果低于田间持水量的70%（两合土小于16%，淤土小于18%）时，就要冬灌；如果高于70%时，可适当推迟冬灌或不冬灌，但要加强松土、保墒措施，提高地温，促使小麦根系下扎，以培育壮苗。温度，冬灌的适宜温度要求在日平均气温3℃左右。冬灌过早，气温尚高，蒸发量大，起不到灌水、增墒的作用，同时还会引起麦苗徒长，不抗冻；冬灌过晚，气温偏低，土壤冻结，水分不能下渗，常发生凌台，会使麦苗受冻或窒息死亡。冬灌后，寒流来到，气温下降到0℃以下时，冬灌的则比未冬灌的地温高，对保证麦苗安全越冬大有好处。苗情，冬灌时的苗情也是考虑是否进行冬灌的重要条件。旺苗一般不缺水肥，不必冬灌。弱苗（尤其是晚播麦、单根独苗）也不宜冬灌，以防止淤苗、凌台、受冻害麦苗，甚至死苗。对这类弱苗，可把冬水改为返青水，以水调肥，以肥攻苗，使麦苗由弱转壮。注意事项：①冬灌水量不可过大，以免地面积水，遇低温而形成冰壳，致使植株地上部受冻，根系窒息，分蘖死亡而减产。②冬灌后，必须适时耧划松土，避免因土壤板结，发生龟裂危害。晚播麦必须特别注意。耧划松土除保墒防止土壤板结龟裂和通气外，还可提高0～10厘米地温1℃左右，有利于促苗生长。小麦冬灌可大大提高土壤的水分，提高麦苗的成活率，最终达到增产增收的效果。

61. 小麦冬灌有什么好处？多大量为好？

答：小麦适时冬灌，一是能平抑地温，防止冻害死苗；二是能沉实土壤，粉碎坷垃，消灭越冬害虫；三是冬水冬肥相结

合，可为翌春小麦返青和根系生长创造良好条件。此外，盐碱地麦田冬灌，还可以压碱改土。据调查，进行冬灌的麦田与未进行冬灌的麦田相比，亩穗数增加 12.3 万穗，穗粒数增加 6.7 粒，千粒重提高 1.3 克，产量增加 27%。进行冬灌时水量不宜过大，一般每亩浇 50～60 立方米水即可。为了节约用水，一定要做到渠畦配套，防止大水漫灌。

62. 小麦在什么时间冬灌好？

答：小麦冬灌的适宜时间一般从日平均气温下降到 7～8℃时开始，到 5℃左右时结束，群众的经验是“夜冻昼消，冬灌正好”。冬灌过早，气温较高，蒸发量大，收不到应有的效果；冬灌过晚，土壤冻结，水分不能及时下渗，地面积水结冰，麦苗在冰层下容易窒息死亡，或者是形成冰凌或抬起土块，拉断麦根，吊死麦苗。冬灌的顺序一般是先灌渗水性差的黏土地、低洼地，后灌渗水性强的沙土地；先灌底墒不足或表墒较差的二、三类麦田，后灌墒情较好、播种较早并有旺长趋势的麦田。

63. 小麦春季什么生育时期需要浇水？

答：一是 3 月小麦起身期至 4 月初小麦拔节期，这时浇水或降雨，有利于小麦分蘖生长，保证亩穗数，并有利于提高穗粒数；二是 5 月小麦开花前后浇水或降雨，有利于小麦籽粒灌浆，提高粒重。

64. 小麦收获前什么时候停水好？怎样掌握？

答：小麦收获前过早停水，会影响籽粒饱满，降低千粒重，有的品种还会早衰。同时，会造成底墒不足，对下茬套种出苗不利。收获前过晚停水，小麦老是青枝绿叶，灌浆慢，造成贪青晚熟。另外，过晚停水还会影响早腾茬，早播种，对全年增产不利。如果土壤湿度过大，对收麦、运麦也不方便。

停水期，主要根据土壤保水能力决定，一般麦田可在收获前7～10天停水；保水力强的黏土地，低洼地，可以早些停水，保水性差的沙土地应晚些停水。

65. 旱地小麦如何保墒？

答：镇压，可压碎较大的坷垃，减少土壤上层的大空隙，减少水分向大气散失，还可接通下面的部分毛细管，有利于下层水分升到耕作层。耙、耱，可破坏土壤表层的毛细管，从而减少水分散失。中耕，可切断通向地表的毛细管，减少耕作层及其下层的水分散失，根据不同的墒情和干土层进行不同深度的中耕可有效控制土壤水分，所以有"锄头有水又有火"之说。另外，进行地膜或秸秆覆盖，以及施用土壤增温剂都可减少土壤水分的散失。

66. 无水浇条件的旱地麦田如何管理？

答：一是镇压划锄，顶凌耙耱。镇压与划锄相结合，可压碎土块，弥封裂缝，沉实土壤，提墒保墒，促进根系发展，提高小麦本身的抗旱能力。顶凌耙耱也有同样的效果。二是早春趁墒追肥。趁早春土壤返浆或下小雨后，用化肥耧或开沟施入氮肥，对增加亩穗数和穗粒数、提高粒重、增加产量有突出的效果。对底肥没施磷肥的要在氮肥中配施磷酸二铵。

67. 小麦抗旱增产技术要领？

答：(1) 深浅轮耕，以土蓄水：深耕可以打破犁底层，增加透水性，加大蓄水量，并能促进根系下扎和扩大根系吸收范围，提高水肥利用率。但深耕一定要因地因时制宜，一般在整地早、降水多、墒情足的年份宜深耕，耕深22～25厘米，耕后

接着耙实、耧平；耕后少雨干旱，往往会因土壤不实而严重失墒。实践证明，旱地小麦在 3～4 年时间里，過足墒深耕一年，以后浅耕 2～3 年，既能达到深耕改土的目的，又增加了沉土保墒的机会，是旱麦增产的重要措施。

（2）增施肥料，以肥调水：旱地麦田要尽量多施有机肥，配方施足无机肥，尤其要施足磷肥，以改良土壤，培肥地力，提高蓄水保肥能力和水分的利用率。一般地块，每亩可施有机肥 2 500～3 000千克，碳铵和过磷酸钙各 50 千克，并酌情配施适量钾肥和微肥；如果地力差，可在三四年内连续亩施标准氮肥 40～60 千克，磷肥 50～100 千克。旱地高产麦田，可采取“一炮轰”的施肥方法，即将全部肥料结合整地一次性施入土壤作基肥，其中氮肥要适当深施，磷肥浅施，以利培育冬前壮苗。

（3）选用良种，以种济水：抗旱品种多具有根系发达，叶片窄狭，表皮厚，气孔小，呼吸强度及蒸腾作用弱，分蘖力强，成穗率高等特点，能较好地适应缺水少肥的旱地环境；据各地对比调查，种植抗旱品种比种植不抗旱的品种，一般增产 20%～30%。

（4）适时适量播种，以苗（株）节水：旱地小麦群体自动调节能力差，其适宜的播种期和播种量范围相应地比水浇地小麦要窄；通过适时、适量播种，建立苗、株、穗、粒合理的节水省肥型的群体结构，是旱麦增产的中心环节。实践证明，冬性品种应在日平均气温稳定在 16～18℃时播种，这样，可以保证冬前 0℃以上有效积温，主茎叶达到 6～8 片；弱冬性品种可适当晚播 3～5 天。在适宜的播种期范围内，每亩基本苗控制在 15 万株左右，播种偏早的减少 1 万～2 万株，播种偏晚的增加 2 万～3 万株，晚茬麦可增加到 20 万～25 万株；冬前亩茎数一般要控制在最后成穗数的 2～2.5 倍。

68. 春季肥水的作用是什么？如何决定春季第一次肥水施在返青期，还是在起身期，还是在拔节期？

答：春季肥水的作用首先是保证每亩地有充足的穗数，这是高产的基础。每亩穗数是由主茎穗和分蘖穗共同组成。所以，要保证每亩穗数足够必须要有适宜的每亩分蘖数。冬小麦的分蘖包括冬前分蘖和春季分蘖，冬前分蘖从播种后半个月开始，冬前停止生长结束。春季分蘖从返青期开始，经历起身期，到拔节前结束。一般说来，冬前分蘖比春季分蘖成穗率高。适期播种的麦田冬前分蘖足够（每亩总茎数60万以上），春季返青时达到每亩80万（计划成穗数的2倍）左右，就能够保证每亩成穗数的需要（中穗型品种每亩40万穗，大穗型品种每亩27万～30万穗），获得高产。在这种情况下，应当适当抑制春季分蘖，避免春季分蘖增生过多，造成拔节期因群体过大，田间郁闭，招致后期小麦倒伏，这类麦田春季要晚一点实施肥水措施，一般视地力水平和群体大小，在起身期或拔节期开始。由于播种期偏晚，冬前分蘖少、群体不足的麦田，早春要适当早施肥水措施，促进春季分蘖。

第五章　小麦田间管理技术和自然灾害的防御

69. 为什么小麦在生产中要树立“七分种，三分管”的概念？

答：过去在小麦种植管理中常说：“七分种，三分管”，把“管”字放在重要的位置上。随着小麦种植技术的改进，单产水平不断提高，要想进一步增产，“种”的位置越来越突出，实质上就是要确保小麦一播全苗，苗齐、苗匀、苗壮，这也是小麦节水高产最为关键一步。这要求小麦出苗后，间苗没有缺苗断垄，小苗整齐一致，均匀分布，冬前达到壮苗指标。一播全苗，苗齐苗匀说起来简单，但做到确实很难，所以，现在我们要树立七分种、三分管的概念。

70. 小麦如何做到精确播种，强化田管？

答：通常情况下，冬小麦最佳的播种时间为霜期前 30 天，如果播种太早分蘖超过 4 个或播种太晚苗龄太小都会导致小麦无法安全越冬。同时要根据小麦的种粒大小和播种期来决定播种量，在最佳播种期每亩需播种 23 ~ 25 千克种子，若播种过晚，每亩需播种 26 ~ 28 千克种子。播种时播深一致，播种均匀，不漏播、不重播，覆土严实。播种后要及时进行查苗补种，标记好漏播的地段，随后进行补种，出苗后若发现漏播也要进行补种。同时为了方便灌溉，要结合地势每 50 ~ 100 米修一条浅而宽的毛渠，渠宽 1.5 米，渠深 0.2 ~ 0.3 米，埂高 0.25 米，减少地面的冲刷，提高水的利用率。10月下旬至11月初灌溉冬水，每亩灌水70～80立方米，坚持不积水、不漏灌的原则。冬灌后要叶面喷施多菌灵或粉锈宁预防引发小麦雪腐病。喷施炔草酯、精唑禾草灵等药防除禾本科杂草，喷施氯氟吡氧乙酸等药防除阔叶杂草，喷施相关药剂防除麦田的杂草混生。另外应采取机械或人工镇压、沟泥或稻草覆盖的方式以防冻害。

71. 如何做到冬前及冬季麦田管理？

答：该时期田间管理的重点即促苗齐、苗匀，培育壮苗，以保证麦苗可以安全越冬，并为春季的生长打下基础。一方面要在小麦出苗后尽早查苗，如发现有缺苗现象则要及时补苗，可以采用缺苗处浇底水补苗，也可以采用浸种催芽的方法补缺苗；小麦3～4叶期则要进行疏密补稀，疏开疙瘩苗，补齐稀少的苗，麦苗移栽后要浇水一次，以促进补苗早发赶齐。另一方面要科学浇冬水，合理把握浇水时间，如浇水时间过晚会影响到水往地下渗的速度，如遇冷空气易导致水结冰，导致麦苗窒息死亡。浇冬水后要及时划锄，在墒情适宜的前提下破除板结。此外还要注意追冬肥，当然冬肥要控制施播量，以免出现倒伏或贪青现象；如麦田不需浇冬水，则可不施冬肥；如果地块底肥中磷肥不足，则要配合使用氮肥及磷肥。

72. 什么是冬前旺苗？它的标准是什么？

答：小麦旺苗可以从个体形态、群体状况及生育指标上判断。一是个体形态。麦苗叶片长而大，叶鞘长而薄，假茎长而扁，叶片披散，株高很高。二是群体状况。远看麦田封垄，不见行间。三是生育指标。黄淮海麦区冬前主茎7叶（6叶1心）以上、群体总茎蘖数每亩80万以上的麦田可视为旺长麦田。

73. 旺苗对小麦春季生产有什么危害？

答：一是可能发生春季冻害。旺苗小麦生长发育进程较壮苗快，如果早春气温较高，旺苗小麦会比壮苗小麦提前拔节，拔节的小麦其抗寒性显著降低，如果发生“倒春寒”气候，气温降到0℃以下，已经拔节的小麦单茎的生长点会冻死，这个单茎也就死了。二是可能导致小麦生育后期倒伏减产。因为旺苗小麦群体大，拔节以后，群体郁蔽，群体内光照不足，小麦中部叶片光合能力降低，光合产物积累少，茎秆软弱，小麦籽粒灌浆后，穗重增加，发生倒伏，倒伏一般减产30%左右。三是旺苗小麦可能由旺转弱，发生早衰。农谚说“麦无二旺”，是指小麦前期生长过旺，如不及时控制，后期就会早衰，叶片光合速率降低，根系过早死亡，降低粒重，显著减产。四是旺苗消耗土壤肥力较大。

74. 蹲苗蹲到什么火候？

答：当大蘖和中等蘖出现明显的，即主茎和大分蘖生长苗壮，而中小分蘖的心叶已停止生长，开始出现“缩脖”现象，或呈“喇叭口”状时，即可结束蹲苗。如果蹲苗蹲的不够火候，两极不明显，中等分蘖没有下去，麦枝不利落，无效分蘖多，就容易倒伏。如果蹲得过头，则穗部发育不良，不孕小穗增加。总的来说，蹲苗最迟不能越过4月底。

75. 如何做好小麦拔节后的管理？

答：这期间是小麦营养生长和生殖生长并进，是巩固有效穗、培育壮秆、争取大穗、粒多的关键时期，要看育苗情况施孕穗肥。对于生长不良的弱苗，应早施拔节肥，即亩施尿素4～5千克；对于生产健壮的麦苗，由于基蘖足、群体适中，主要应攻大穗。拔节期应控制肥水，使茎部节间粗壮防止倒伏，待叶色自然褪淡，再补施保花增粒肥，每亩施尿素2～3千克。对于生长过密过旺，估计有倒伏可能的麦苗，除控制肥水或深锄伤根外，可亩用“矮壮素”150克对水75千克在开始拔节时喷施，可矮化植株，防止倒伏。

76. 如何做好春季麦田的管理？

答：小麦在春季经历返青期、起身拔节期、孕穗期，生长发育特点：营养生长与生殖生长并进，根、茎、叶、蘖生长，幼穗分化并旺期；有效分蘖和无效分蘖的分化期；群体形成期。该时期对肥水的需求：需求量大，为需肥水临界期。根据小麦春季的生长发育特点，在前期管理的基础上，促进早缓苗、早返青，力使叶色葱绿，根系发达；通过水肥管理来协调地上部与地下部、群体与个体、营养生长和生殖生长的矛盾，促进分蘖两极分化，提高成穗率，形成足够的穗数；为幼穗分化创造适宜条件，争取秆壮、穗大、粒多；防止倒伏及病虫害，为籽粒形成与灌浆奠定基础。具体措施如下：因时因苗制宜，灵活运用肥水。①返青期肥水。高产田不需要，晚播稀播麦田需要。②拔节孕穗期肥。高产田，注重“氮肥后移”，春后追肥调节至拔节孕穗期施用。拔节时若群体较大，则推后施用。促进无效分蘖的退化，提高有效分蘖整齐度。③中耕、耙耱与镇压。④预防或减轻晚霜冻害。⑤防止倒伏。⑥防治病虫害。

77. 后期麦田管理的主攻方向及田间管理重点是什么？

答：主攻方向：充分延长光合器官的功能期；协调植株碳、氮营养，促进有机物质的合成与积累；防止贪青、早衰、青干和倒伏，最大限度地将后期所合成的及抽穗前所贮存的有机物质运转到籽粒中去；防治病虫害和干热风；适当喷洒激素、微量元素等，调控物质运输，争取粒多、粒重。

田间管理重点：小麦生长的后期是形成籽粒产量的重要生长阶段。维持旗叶和倒二叶不早衰，延长绿色功能期，保持较强的光合作用强度，对提高粒重具有重要作用。同时，小麦开花以后，根系的活力开始衰退，延缓根系衰老，保持根系较强的吸收水分和养分的功能，有利于提高叶片的光合作用强度和持续时间。因此，农业部小麦专家指导组在认真调研的基础上提出，当前小麦田间管理的主攻方向是保根、保叶，防早衰，增加粒重，重点要防干热风、浇灌浆水和防治病虫害。切实做到，小麦丰收不到手，管理一天不放松。

一是防干热风。小麦生长后期，黄淮海麦区常发生干热风灾害，导致小麦粒重降低，叶片加速衰老死亡。干、热、风三因素中，高温是诱发小麦叶片早衰的主要原因，其次是相对湿度和风速。干热风可分为轻级和重级两类，轻级干热风的气象指标是：日最高气温≥32℃，14时相对湿度≤30%，风速≥2～3米/秒；重级干热风的气象指标是：日最高气温≥35℃，14时相对湿度≤25%，风速≥3米/秒。一般认为，若同时出现气温≥30℃、相对湿度≤30%、风速≥3米/秒的气象条件，即为发生了干热风。轻级干热风会使小麦千粒重下降1～3克，减产5%～10%；重级干热风会使小麦千粒重下降4～5克，减产10%～20%。小麦主产区试验表明，在小麦灌浆初期和中期，向植株各喷一次0.2%～0.3%的磷酸二氢钾溶液，能提高小麦植株体内磷、钾浓度，增大原生质黏性，增强植株保水力，提高小麦抗御干热风的能力。同时，可提高叶片的光合强度，促进光合产物运转，增加粒重。将杀虫剂、杀菌剂与磷酸二氢钾（或其他的预防干热风的植物生长调节剂、微肥）等混配施用，可实现“一喷三防”，即一次施药可达到防病、治虫、防干热风的目的。

二是浇灌浆水。从开花到成熟期，小麦需水强度最大，需水量最多，约占全生育期需水量的35%。小麦开花后10～15天灌浆初期浇水，有利于延长叶片和根系的功能期，保持较高的灌浆强度；有利于降低麦田温度，增加土壤湿度，提高小麦抗御干热风的能力。但要避免大风天浇水，以防倒伏。同时，对于土壤肥力不足的中产麦田，在小麦灌浆初期喷1%～2%的尿素溶液，能有效延缓叶片衰老，提高千粒重。

三是防治病虫害。条锈病、白粉病、蚜虫、黏虫是小麦生育后期常发生的病虫害，必须密切关注其发生发展动态，做好预测预报，指导农民选择适宜农药品种、用药时机和施用方法，提高防治效果。

此外，在蜡熟末期至完熟初期，小麦粒重达到最高，此时麦穗变黄，叶片枯黄，茎秆金黄，茎节微绿，籽粒内部呈蜡质状，能被指甲切断，是最佳的收获时期。要抓住晴好天气，及时收割，防止烂场雨，做到颗粒归仓。

78. 怎样进行小麦苗情诊断？

答：长相，包括基本苗数及其分布状况，叶片的形态和大小，挺举或披垂，分蘖的发生是否符合叶蘖同伸规律，分蘖消长和叶面积指数的变化情况是否符合高产的动态指标。长势，是植株及其各个器官的生长速度。在正常情况下，长势和长相是统一的，但在温度较高、肥水充足、密度较大而光照不足情况下，可能长势旺而长相不好；在土壤干旱或气温低时，又可能长相好而长势不旺。叶色，小麦的不同生育阶段，由于生长中心的转移和碳氮代谢的变化，叶色呈现一定的青黄变化。苗期叶色深绿是氮代谢正常的表现。拔节阶段，幼穗和茎叶生长都大大加快，需要碳水化合物较多，碳氮代谢为主，叶色变深绿。开花后主要是碳水化合物的形成和向籽粒转运，叶色褪淡。如果叶色按上述的规律变化，即表明生长正常，如果叶色该深的不深，表明营养不足，生长不良。但叶色深浅会因品种的不同而有一定差异，诊断时应该注意到。

79. 旺长麦田如何管理？

答：旺长麦田分为两类。第一类是播期偏早的麦田，小麦生育进程较快，植株较高，叶片较长，小麦可能提早拔节，抗

寒性降低，易受春季“倒春寒”的危害。第二类是播期适宜、播量偏大的麦田，植株密集，群体偏大，如不控制，会造成拔节期间田间郁闭、光照不良，导致生长后期倒伏减产。对这两种旺长麦田，春季应先控后促、控促结合，主要措施如下：一是适时镇压。在小麦返青期和起身期镇压，能控制地上部生长和过多分蘖的发生，在早春气温偏高的情况下，还能抑制小麦生育进程过快，避免过早进入拔节期，是控旺转壮的重要措施。镇压要在上午10时以后无霜时开始，注意有霜冻麦田不压，以免损伤麦苗；盐碱涝洼地麦田不压，以防土壤板结，影响土壤通气；已拔节麦田不压，以免折断节间，造成穗数不足。具体方法是用机动三轮车、小型拖拉机或耕牛牵引石磙、铁制镇压器或闲置汽油桶（装适量水）等对旺长麦田（尤其是旋耕的旺长麦田）进行镇压。通过压实土壤、增温保墒、促进发根、控制旺苗转壮苗，预防“倒春寒”和后期倒伏。没有机械的地方也可采用人工踏压的办法。二是及时化控。对于旺苗麦田，在小麦起身期喷施麦巨金等，可有效缩短基部第一节间的伸长，控制植株过旺生长，促进根系下扎，防止生长后期倒伏。三是肥水管理。对于播种期偏早形成的旺长麦田，年前植株营养体生长过旺，消耗过大，叶片薄而长，抗寒力差，春季易由旺转弱。如果这类麦田早春每亩总茎数在80万左右，没有明显脱肥发黄现象，可以在起身初期追肥浇水；如群体偏大，可在起身中期追肥浇水。对于适时播种因播种量偏大形成的旺长麦田，长势旺盛，春季应适当蹲苗控制，避免过多春季分蘖发生，应在起身后期至拔节初期施肥浇水。对于麦苗脱肥发黄转弱的麦田，由于麦苗冬前旺长，消耗土壤养分较多，应在返青期追施部分化肥并浇水，促进苗情转化；如果返青期墒情适宜，也可开沟追肥不浇水，待拔节期再追肥浇水。

在小麦起身期喷施麦巨金用植物生长调节剂调节小麦地上部过快生长。因为下一个生育时期是拔节，此时喷施了麦巨金，同时也有效调控了1~3节间的长度，使其短、粗、壮，提高小麦的抗倒伏能力。合理运用春季肥水。有人说今年的旺苗小麦养分消耗大，应该早施肥水，这种观点不完全对，要根据苗情决定施肥浇水的时间，旺苗小麦早春有两种情况：一种情况是旺苗小麦在返青期已经出现脱肥发黄的现象，有转化成弱苗的可能，这种旺苗就应该在小麦返青后施肥浇水，促其转壮；另一种情况是在土壤肥力较高的地块上的旺苗，虽然麦苗较旺，但没有脱肥发黄的现象，如果返青期追肥浇水，会促其更旺，导致生育中后期变弱早衰减产，所以这类旺苗要在起身期追肥浇水。

80. 壮苗麦田如何管理？

答：一是早春镇压、划锄，保墒增温通气，促使麦苗早发。春季镇压可压碎坷垃，破除板结，弥封裂缝，沉实表土，使土壤与根系密接，有利于养分水分的吸收利用，减少水分蒸发。划锄可以保墒、增温、除草，因此对各类麦田都有促根壮蘖的效果。二是起身期或拔节期追肥浇水。群体适宜的壮苗，春季第一肥水过早会促使群体偏大，后期早衰，对这类麦田实施氮肥后移，可以有效地控制无效分蘖过多增生，增加开花后干物质积累，延长生育后期旗叶的光合高值持续期，提高根系活力，延缓衰老，提高粒重。对于地力水平较高，适期播种、群体适宜的一类苗，要在小麦拔节期追肥浇水，以获得更高产量。对于地力水平一般，群体偏小的二类苗，要在小麦起身期进行肥水管理。

81. 晚播弱苗如何管理？

答：一是及早划锄，保墒增温，促苗早发。二是适时追肥浇水。如果墒情差、群体不足，应在返青期追肥浇水，促进春季分蘖增生，增加亩穗数。对于播种时已增加播量、群体适宜，只是叶片数少、根系发育差的晚播弱苗，根据地力水平、群体大小及发展趋势，在返青后期或起身期追肥浇水。如果墒情好，

晚茬麦应避免早春浇水，以免因浇水降低地温，影响土壤透气性而延缓麦苗生长发育，而应在小麦返青期趁墒开沟追施部分氮素化肥，以促进分蘖增生，适当扩大群体，为保证亩穗数充足奠定基础。然后在拔节期，肥水齐下，提高成穗率，促进小花发育，增加穗粒数。

82. 春季，麦苗为什么会有发黄现象？

答：对小麦苗期长势弱、心叶小、根系差、叶片发黄、生长缓慢的情况，必须查清原因，区别情况，分类管理。

（1）药害：小麦药害又分为多种情况，主要有两种。

①拌种药的浓度过大。会使根尖受伤、膨大，造成黄苗。问题较轻时，次生根长出后，麦苗就会由黄转绿，可以不处理。问题严重时，应浇水补救，然后松土。②除草剂为害。如果选择的除草剂品种不适、施用浓度不当都会造成药害。如果玉米田超量施用“莠去津”成分的除草剂，会导致下茬小麦受害，表现为出苗不整齐，叶发黄，年后生长缓慢，不分蘖或分蘖少，造成减产。

（2）冻害：小麦进入返青拔节期以后，如果遇到寒潮降温，很容易就会发生冻害。受害叶片突然间发黄，且均匀；或者是叶片的部分被冻死，似开水烫过，以后逐渐枯黄。发育越早的小麦越容易受冻，造成减产。预防措施：合理施肥，不偏施氮肥，以防旺长降低抗寒性，3月上中旬以促为主，及早划锄提高地温，促进麦苗健壮生长。

（3）播种过深：由于播种过深，造成地下茎过长，种子出土消耗种子养分过多，幼苗叶片细长，根系发育不良，苗瘦弱。对这类幼苗可扒掉部分覆土，使分蘖节盖土厚度变浅；再结合中耕，改善土壤通气状况，促侧根发育，使苗转壮。

（4）整地粗糙：整地粗糙造成土壤中大块土块较多、地壤过松，容易导致幼苗根系下扎不好，幼苗生长缓慢、缩心、黄叶、苗弱。对这类幼苗应及早压碎覆土，浇水细锄。

（5）播量过大：对播种较早、播量过大的麦田，常常出现幼苗生长过旺，造成营养缺乏、发育不良而发黄，并且分蘖较少。可一方面进行压土，使生长变慢而长得粗壮；另一方面要深耕断根，利于壮苗生长。

（6）土壤黏重：土壤过于黏重，质地不良，通透性不好，水分过多，使根系缺氧，严重影响根系的生长发育，初生根呈褐色，分蘖力弱，苗瘦小，叶尖黄化或呈淡褐色。对这类麦苗田，要开深沟排渍，中耕松土，促进通气，提高地温，促根发育。

（7）干旱：由于天气干旱或土壤缺乏水分，麦苗吸水困难致使生长缓慢，叶色灰绿，基部叶片变黄，心叶迟迟不长，次生根少，分蘖困难。对这类麦苗应及时浇水施肥，促进麦苗生长正常，苗壮蘖多。

（8）盐害：盐害导致麦苗瘦小矮挺，分蘖很少，叶片狭窄，叶色黄绿，叶梢呈紫红色，基部黄叶多。对这类麦苗应及时中耕松土，减少地面蒸发，防止返盐，有条件的地方，可以采用灌水洗盐或开沟排盐，降低土壤含盐量。

（9）病虫害：纹枯病、全蚀病、根腐病、病毒病、麦红蜘蛛、蝼蛄、金针虫、蚜虫等为害均能导致麦苗发黄变弱。要及时采取防治措施，确保苗壮。这些病虫害在小麦苗期的表现主要如下。

①纹枯病。烂芽，芽鞘褐变，后芽枯死腐烂，不能出土。

防治：预防小麦纹枯病要做到适期晚播，合理密植，避免密度过大，合理施肥，及时除草。重点抓好种子药剂拌种，可用2.5%适乐时悬浮种衣剂10～20毫升加水100～200毫升；在小麦返青拔节期每亩用5%井冈霉素水剂150～200毫升或15%三唑酮可湿性粉剂50～100克也可用50%多菌灵可湿性粉剂50～100克对水60～75千克喷雾。

②全蚀病。小麦全蚀病是一种根腐和茎腐性病害。小麦幼苗发病，种子根和地下茎变成灰黑色，严重时显著矮化，叶色变浅，底部叶片发黄，分蘖减少，次生根变为黑色，植株枯死。

防治：此病是一种土传病害，可在播种前用12%三唑醇可湿性粉剂按种子重量的0.02%~0.03%拌种。增施磷肥能减轻病害。

③根腐病。在干旱半干旱地区，多引起茎基腐、根腐；多湿地区还会引起叶斑、茎枯、穗颈枯；小麦幼芽受害后变褐枯死，严重时不能出土；幼苗受害，轻者芽鞘上产生条形或不规则形褐斑，重者幼苗变褐腐烂，称为苗腐。

防治：药剂拌种。用25%粉锈宁或50%福美双或50%扑海因可湿性粉剂拌种用量为种子重量的0.2%。药剂防治。重病年及时喷药保护第一次在小麦扬花期第二次在小麦乳熟初期药剂有25%三唑酮和50%福美双可湿性粉剂。

④病毒病。蚜虫是此病的重要传播者之一，典型症状是新叶从叶尖开始发黄，呈金黄色到鲜黄色，植株有不同程度的矮化，分蘖少，根系入土浅，易拔起。

防治：治蚜防病。及时防治蚜虫是预防黄矮病流行的有效措施。拌种，用种子量0.5%灭蚜松或0.3%乐果乳剂拌种。喷药用40%乐果乳油1 000~1 500倍液或2.5%功夫菊酯、氯氰菊酯乳油2 000~4 000倍液。加强栽培管理适期迟播：增施基肥、早追肥等，对减轻病害都有一定作用。

⑤麦红蜘蛛。成虫和幼虫吸食麦叶汁液，被害叶片布满黄白色斑点，以后斑点合并成斑块，叶片发黄，受害严重时，使不能抽穗。

防治方法：用20%钾氰菊酯乳油或10%氯氰菊酯乳油1 000~1 500倍喷雾防治。

⑥蝼蛄、金针虫等。主要是咬食麦苗根茎，使叶片发黄，严重时直接咬断根茎部造成断苗。

防治方法：用毒饵诱杀，或用90%敌百虫、50%辛硫磷乳油、40%甲基异硫磷乳油1 000倍液灌根。

⑦蚜虫。多集中在叶片背面、叶鞘及心叶处为害，被害处呈浅黄色斑点，严重时叶片发黄。

防治方法：在生长期间使用40%乐果、40%氧乐果、1.8%阿维菌素乳油等叶面喷雾。

（10）肥害：由于有机肥没有腐熟，或种肥施用过多，或施肥方法不当，种子、幼苗接触到这些肥料以后，易被烧伤，致使叶片或叶尖发黄；根尖发锈或根尖膨大呈鸡爪根；新生根出生不久便停止生长，变得短粗、无根毛；有的在根的某一部位出现铁锈色甚至烂皮，严重时危及根茎和分蘖节，造成死苗。肥烧苗可用浇水补救，每天浇1次，连浇几天。

（11）脱肥：土质较差，未施或少施种肥可致土壤严重缺氮、缺磷，使麦苗瘦弱变黄。缺氮的麦苗叶窄、色淡、分蘖少，应及时追施氮肥，并注意氮、磷配合施用，促进根系发育，促弱转壮。缺磷的麦苗生长缓慢，苗小叶黄，叶尖呈紫色，根系不发达，植株生长缓慢，应及时施磷肥。

83. 小麦苗期出现死苗怎么办？

答：地下害虫造成死苗可在死苗率达3%时，及时进行药物防治。对于金针虫、蛴螬重发区，亩用40%辛硫磷乳油300克，加水2～3千克，喷于25～30千克细土中制成毒土，顺麦垄均匀撒入地面，随即浅锄。对于蝼蛄重发区，每亩用辛硫磷胶囊剂150～200克拌谷子等饵料5千克左右，或用50%辛硫磷乳油50～100克拌饵料3～4千克，顺拌匀后于傍晚撒在田间，每亩2～3千克。也可用40%辛硫磷乳油1 000倍液（将喷雾器喷头取下）进行灌根。病害造成死苗可在小麦苗期用12.5%禾果利可湿性粉2 500～3 000倍液喷雾，20%粉锈或宁乳油120～200毫升或5%井冈霉素水剂10克加水40～50千克顺麦垄喷洒幼苗，隔7～10天再喷一次。喷药应喷匀、喷透，使药液充分浸透根、茎。冻害造成死苗可适时冬灌。墒情好的地块可以用秸秆或农家肥适当覆盖麦苗。提高地温，减少冻害死苗。药害造成死苗要及时进行肥水管理，以减缓药害的症状和危害。整地质量差造成死苗可结合冬灌、划锄等措施，粉碎坷垃，踏实土壤，减少死苗。

84. 如何预防早春冻害？

答：早春冻害（倒春寒）是指小麦在过了“立春”季节进入返青至拔节这段时期，因寒潮到来降温，地表温度降到0℃以下，发生的霜冻危害。因为此时气候已逐渐转暖，又突然来寒潮，故也称为“倒春寒”。早春冻害（倒春寒）的预防和补救措施包括：一是控制旺长，预防冻害。主要措施是早春镇压、起身期喷施壮丰安。喷施壮丰安，可以适当抑制生长发育、提高抗寒性，同时，抑制第一节间过度伸长，提高抗倒性。二是补肥浇水，及早补救。小麦是具有分蘖特性的作物，遭受早春冻害的麦田不会将全部分蘖冻死，另外还有蘖芽能分蘖成穗。只要加强管理，仍可获得好的收成。小麦早春受冻后的补救措施是立即施速效氮肥和浇水，氮素和水分的耦合作用会促进小麦早分蘖、小蘖赶大蘖、提高分蘖成穗率、减轻冻害的损失。

85. 小麦冻害原因？小麦发生冻害怎么办？

答：小麦冻害的类型：包括冬季冻害和早春冻害。冬季冻害首先是叶片冻害，外部症状表现明显，冻害严重时出现死蘖死苗。冻害主要有两方面的原因：①自然因素。一是冬前气温偏高，导致小麦生长过快，阶段发育提前，未经抗寒锻炼，抗冻能力较弱。二是刚进入越冬期就遭受大幅度、大范围的持续低温。②人为因素。一是播种过早，且大多数为春性品种。二是播种量偏大，麦苗旺长。三是整地质量差，麦苗瘦弱，抗冻能力低。

因苗施肥，对于冬季受冻麦田，应于返青期利月墒情较好、土壤返浆的有利时机，每亩追施三元复合肥（15－15－15）10~15千克，促分蘖发生和小蘖成穗。早春还应及早划锄，提高地温，促进麦苗返青。春季受冻麦田，应分类管理。冻害轻的麦田，以促进温度提高为主，产生新根后再浇水；冻害重麦田可以早浇水、施肥，防止幼穗脱水死亡。幼穗已受冻麦田，应追施速效氮肥，每亩硝酸铵10～13千克或碳酸氢铵20～30千克，并结合浇水、中耕松土，促使受冻麦苗尽快恢复生长。清沟理墒，要降低地下水位，注意养护根系，增强其吸收能力，以保证叶片恢复生长和新分蘖发生及成穗所需养分。中后期肥水管理受冻小麦由于养分消耗较多，后期容易发生早衰，在春季追肥1次的基础上，应看麦苗生长发育状况，依其需要，在拔节期或挑旗期适量追肥，普遍进行磷酸二氢钾叶面喷肥，促进穗大粒多，提高粒重。加强病虫害防治，小麦受冻害后，自身长势衰弱，抗病能力下降，易受病菌侵染，要随时根据当地植保部门测报进行药剂防治。

86. 哪些方法有助于小麦安全越冬？

答：覆盖秸秆，冬前在旱地小麦行间，每亩撒施300～400千克麦糠、碎麦秸或其他植物性废弃物，既保墒，又防冻，腐败后还可以改良土壤，培肥地力，是旱地小麦抗旱、防冻、增产的有效措施。盖粪，在小麦进入越冬期后，顺垄撒施一层粪肥（群众称之为“暖沟粪”，可以避风保墒）增温防冻，并为麦苗返青生长补充养分。盖粪的厚度以3～4厘米为宜；粪肥不足时，晚茬麦田、浅播麦田、沙地麦田以及播种弱冬性品种的麦田要优先盖。壅土围根在越冬前、麦苗即将停止生长时，结合划锄，壅土围根，可以有效地防止小麦越冬期受冻；冻害严重的年份，效果尤为明显，一般可增产5%～10%。在小麦越冬期发生冻害时，用0.3%～0.5%矮壮素溶液喷洒麦苗，可抑制植株生长，抗御或减轻冻害发生。

87. 高产麦田如何预防倒伏？

答：小麦倒伏的类型分根倒与茎倒，通常以茎倒为常见。根倒是根系入土浅或土壤过于紧密产生龟裂折断根系，造成根

部倒伏；茎倒是由于茎基部组织柔弱，第一、第二节间过长，头重脚轻引起倒伏。倒伏的原因比较复杂，但多因栽培管理不当、品种抗倒性差所致。因此，预防小麦倒伏首先须选用抗倒品种，合理密植，改善田间通风透光条件；其次是提高整地、播种质量，促根下扎；再次是在栽培管理上，对有旺长趋势麦苗，采取冬前中耕、增施钾肥、氮素追肥后移、石滚镇压或3叶1心至4叶1心期喷施多效唑等措施，对控制旺长预防倒伏都有显著效果。

88. 哪些化学促控剂可防止小麦倒伏？

答：多效唑小麦起身期，喷洒浓度为0.2克/千克多效唑溶液30千克/亩，可使植株矮化，抗倒伏能力增强，并可兼治小麦白粉病和提高植株对氮素的吸收利用率。矮壮素对群体大、长势旺的麦田，在拔节初期，喷0.15%~0.3%矮壮素溶液50~70千克/亩，可有效地抑制节间伸长，使植株矮化，茎基部粗硬，从而防止倒伏。若与2,4-D丁酯除草剂混用，还可以兼治麦田阔叶杂草。助壮素，在拔节期，每亩用助壮素15~20毫升，对水50~60升叶面喷放，可抑制节间伸长，防止后期倒伏，使产量增加10%~20%。

89. 高产麦田倒伏后怎么办？

答：小麦抽穗后，常因风雨交加或雹灾造成倒伏。小麦出现倒伏后，应利用植物背地曲折的特性自行曲折恢复直立。切忌采取扶麦、捆把等措施，以免破坏搅乱其“倒向”，使小麦节间本身背地性曲折特性无法发挥。若因风雨造成的倒伏，雨过天晴后，可在麦穗上用竹竿分层轻轻挑动抖落秆上的雨水，注意不要打乱其倒向。可采取叶面喷肥2~3次，同时清沟防渍降低田间和棵间湿度，尽量减少损失。在灌浆期发生倒伏，可轻挑抖落雨水，然后喷磷酸二氢钾。雹灾发生后重点搞好叶面喷肥，增强叶片吸收养分和光合作用功能。

90. 喷矮壮素要注意什么问题?

答：为了防止小麦生长过旺，发生倒伏，要在小麦起身至拔节期喷0.2%的矮壮素（即药100克，加水50千克），目的是控制小麦植株第一、第二节不再伸长，使一、二节间变粗变短，降低株高，增加穗重，达到高产不倒。喷这两种药应当注意以下几点。

①掌握好喷药时间。在小麦起身后，拔节初喷效果好，如喷晚了，起不到控制一、二节的作用。②严格掌握用药浓度、用量和次数。浓度过大会抑制小麦正常生长，浓度过小起不到控秆壮苗的作用。一般有旺长现象的麦苗，可根据情况喷1~2次。③喷药要均匀。不均匀会造成生长高矮不齐。④大风天不要喷。风天喷药会使药液流失，造成浪费。

91. 怎样防御干热风?

答：干热风是指小麦生育后期，由于高温、低湿并伴随大风使小麦减产的一种气象灾害。常出现在小麦灌浆中后期，尤其灌浆中期为害最大。其为害轻者减产5%左右，重者减产10%~20%。防御干热风必须采取综合措施，概括来说，应抓好“改、躲、抗、防”四条措施。“改”，就是改变农业生产条件，改善农田小气候，营造农田防护林。农田防护林有降低温度、增加湿度、削弱风速和减少蒸发蒸腾的作用，可以明显减轻干热风的为害，逐步建设高产、稳产农田。“躲”，就是选用早熟高产品种，采用适时早播等栽培措施，促使小麦提早成熟，躲灾以减轻干热风为害。“抗”，就是选用抗旱、抗病、抗干热风能力强，落黄好的优良品种，也可用氯化钙、复方阿司匹林等药剂拌种，可以促进小麦壮苗，增强小麦抗御干热风的能力抗御干热风为害。“防”，就是在干热风来临前，采取有效的防御措施，包括通过灌溉保持适宜的土壤水分增加空气湿度，可以

预防或减轻干热风为害。尤其是在小麦成熟前 10 天浇一次水，有效预防干热风的为害；在小麦生育后期，在干热风来临之前，用石硫助长剂、磷酸二氢钾、草木灰水、过磷酸钙、矮壮素等化学药剂喷洒叶面，可以改善小麦生理机能，提高小麦对干热风的抗性；还有避免氮肥使用超量、增施有机肥、磷钾肥料、孕穗至灌浆期喷施磷酸二氢钾等。

92. 怎样防止小麦早衰？

答：①浇灌浆水。灌浆水对延缓小麦后期衰老，提高粒重有重要作用。一般应在小麦开花后 10 天左右，浇灌浆水，以后视天气状况再浇水。②防治病虫害。小麦生育后期尤其是高产田块常发生病虫为害，一般有白粉病、锈病、赤霉病、叶枯病、蚜虫、小麦黏虫等危害，如不能及时防治会大幅度降低小麦千粒重和内在的品质。③叶面喷肥。在小麦抽穗期和灌浆期叶面喷施微肥或生长调节剂，能延长功能叶的寿命，提高光合能力，增加粒重。④适时收获。在蜡熟末期收获最佳。

93. 小麦什么时候收获最好？

答：俗话说“九成熟，十成收，十成熟，一成丢”，等到小麦植株完全干枯后再收获时，小麦茎、秆、叶以及根基等已不能再制造和积累养分，但这些营养体仍需要消耗养分进行呼吸，后果是粒重降低。过早收获也不利，一些晚熟麦田为就便机收而提前收割，小麦籽粒鲜重并未下降还在上升，小麦产量和品质损失较大。小麦人工收割以蜡熟中期为宜，机械收割以完熟初期为宜。蜡熟中末期，全株转黄，茎秆仍有弹性，籽粒黄色稍硬，含水量 20%～25%；完熟初期叶片基本枯黄，籽粒变硬，呈品种本色，含水量 20% 以下。

94. 小麦收获期间遇到连阴雨天气怎么办？

答：在小麦收获期间，有时会遇到连阴雨天气，应抢晴天抓紧机械收获，避免在田间发生穗上发芽，既减产又降低品质。收获后脱粒的小麦如果不能及时晾干，也容易引起发芽、霉烂。在没有烘干设备的情况下，可采取如下应急处理：①自然缺氧法。就是通过密封，造成麦堆暂时缺氧，从而抑制小麦的生命活动，达到防止小麦发热、生芽和霉烂的目的。②化学保粮法。即利用化学药剂拌合湿麦，使麦粒内的酶处于不活动状态，麦粒不至于发芽。③杨树枝保管法。其原理是种子发芽需要水分、温度和空气。带叶的杨树枝呼吸旺盛，把它放到麦粒堆里，可在短时间内把麦堆里的氧气耗完，使麦粒进入休眠状态不会发热、生芽。

95. 小麦收割后，小麦的果实出现黑色，并且有臭味，请问是什么原因？如何防治？

答：小麦采收后，果实出现黑色，并且有臭味。第一种原因是小麦收割期，阴雨过多，发生霉变或是小麦收割后，种子没有完全晾晒干，水分过大，出现霉变；第二种原因是小麦感染黑穗病所致。防治办法：①黑穗病防治选种是关键。选种时要严格精选，籽粒饱满、无病变的优质包衣种子或者用粉锈宁拌种后种植。②小麦采收后，种子要进行充分晾晒，保存时要注意干燥、通风。

第六章　小麦病虫草害识别与防治技术

96. 小麦病害主要分哪几类？

答：小麦病害可根据病原或病因不同分为以下3类：①真菌病害。如小麦锈病、白粉病、纹枯病、赤霉病等。②细菌病害。如细菌性条斑病，黑节病等。③病毒病害。如土传花叶病毒病、黄矮病毒病、丛矮病等。

97. 怎样防治小麦雪霉雪腐病？

答：症状：这两种病害主要为害冬麦幼苗期，发病后轻则分蘖死亡，严重减产，重则造成全田毁灭，以至翻耕改种。都是危害叶、叶鞘及根部，病苗在积雪下腐死或霉烂死亡，状似开水烫死，病苗上有白色或灰白色菌丝体，这两种病在田间同时混合发生。防治方法：①农业措施。选用抗病品种，适期播种，于豆科作物轮作；合理使用磷钾肥，增加抗病力；及时清除田间积水；为使积雪早化可以撒施煤渣或羊粪，每亩1～2袋，促使积雪融化；若能进入田间作业，最好及时耙地，施肥，可以提高地温，增加冬麦的抗病力；根据麦田长势，确保一定的保苗株数，一般都应达到40万株/亩，如果麦田麦苗少于基本的保苗株数，建议及时追施尿素每亩15～20千克，缺磷的地块可以尿素和磷酸二铵混用，经过肥水促进，使小分蘖和蘖芽生长发育成为能够成穗的有效分蘖，从而达到稳产；如果麦田麦苗已经有50%都已经死亡的，建议进行翻种春播作物，可种植春小麦、玉米、甜菜、大豆，农户应提前准备好作物种子。

②化学措施。用0.1%的适乐时拌种或用0.3%的多菌灵加0.2%的粉锈宁混合拌种效果好。

98. 怎样防治苗期小麦条锈病？

答：小麦条锈病是由条锈菌引起的一种真菌性病害，主要为害小麦叶片，严重时可以侵染穗部。发病时出现金黄色条形孢子堆组成的病斑，破坏叶肉组织，影响光合作用进而减少籽粒产量。它可以在小麦苗期发病，也可以在成株期发病。苗期发病虽然对产量不会造成直接的影响，但也会减少光合产物的积累和壮苗的形成，间接影响到成株的生长和发育。

小麦条锈病是制约新源县小麦生产的重要病害之一，发生流行频率高，为害大，一般年份造成减产10%～20%，流行年份小麦锈病可造成减产达50%以上。小麦条锈病在本地能够形成一个完整的侵染循环，分为越夏存活、秋苗传染、越冬和春季流行4个阶段。新源县东部夏季气候较凉爽，旬均温为15～20℃，8—10月锈菌孢子在晚熟春麦及自生麦苗上越夏，10月下旬越夏菌源随风传到中部冬麦区，导致秋苗侵染在麦叶组织里越冬。翌年春季小麦返青后，越冬菌丝体复苏发展，到旬均温上升到10℃左右，开始先后显症产孢。冬麦田一般4月中下旬就可以在麦叶上发现锈病孢子，新源县主要是条锈。通过多年的调查和锈病的实际发生情况，总结出小麦条锈病在新源县只要不是特殊年份，一般是5年一次大发生，3年一次中偏重发生，一般年份中度发生。

症状：在叶片上病孢子鲜黄色，长椭圆形，排列成整齐的虚线条状，它借风雨和气流传播。

药剂防治：小麦条锈病应选用内吸性杀菌剂，目前国内常用的是三唑酮（俗称粉锈宁），它不仅对条锈病有很好的效果，同时也可防治白粉病。用三唑酮对种子进行拌种，15%的粉锈宁用量为0.3%或50%的多菌灵用量0.3%，在发病初期用25%的粉锈宁500倍。可显著减少苗期条锈病的发生和危害。还可

选用抗病品种，冬麦可用伊农18、春麦可用宁春16 、宁春17。

99. 怎样防治小麦白粉病？

答：小麦白粉病自幼苗至抽穗均可发生，主要为害叶片，也为害茎和穗子。症状：小麦秋苗期到成株期都可被害，但主要发生在春季5—6月，为害叶片、叶鞘、穗部的颖壳及芒，病部产生绒状的白色霉点。后在霉点上产生白色粉状物复盖叶面，颜色逐渐变暗，后成淡褐色，其上散生黑色小粒点。

防治方法：①栽培防病。收后翻耕灭茬，减少越夏菌源。②化学防治。拌种：粉锈宁、羟锈宁、立克秀等药剂拌种。叶面喷雾：发病初期用粉锈宁、戍唑酮、敌力康等药剂进行喷雾。其综合防治方法：一是种植抗病品种；二是麦收后及时灭茬翻耕，消灭自生麦苗，减少越夏菌源；三是拌种，用粉锈宁、羟锈宁、立克秀等药剂拌种；四是合理密植，合理施肥；五是认真抓好药剂防治工作，当田间出现病叶时可选用15%粉锈宁可湿性粉剂75g/亩或20%粉锈宁乳油50毫升/亩对水40～50千克喷雾防治，连治1～2次。

100. 怎样防治小麦赤霉病？

答：小麦赤霉病菌在抽穗开花时入侵为害小穗，抽穗扬花期的雨日、雨量和相对湿度是决定病害流行的重要因素。该病害主要发生在穗期，引起穗腐，穗腐在小麦扬花期后出现。最初在颖壳上呈现边缘不清晰的水渍状褐色斑，渐扩大至整个小穗，小穗随后枯黄。湿度大时，病斑处产生粉红色胶状霉层。后期其上产生密集的黑色小颗粒（病菌子囊壳）。用手触摸，有突起感觉，不能抹去，籽粒干瘪并伴有白色至粉红色霉。小穗发病后扩展至穗轴，病部枯褐，使被害部以上小穗，形成枯白穗。直接为害穗部造成减产，同时影响种子质量，使千粒重和出粉率降低，种子发芽率下降，在新源县主要引起穗腐病。病原有性世代为赤霉属，无性世代为禾谷镰孢菌属。赤霉病的发生与流行，受气候、越冬菌量、寄主生育期、品种抗性和栽培管理等多种因素的影响，其中，气候、菌量和麦类生育期的相互配合，对病害发生与流行起着决定性作用。

该病害防治的最佳时期为抽穗扬花期，如果天气预报扬花期多雨高湿，就应抓紧喷药，每亩可用50%多菌灵或70%甲基硫菌灵可湿性粉100克。如扬花期遇到阴雨天气，5～7天后可再喷1次以确保防治效果。也可用卫福胶悬剂进行拌种。

101. 怎样防治小麦纹枯病？

答：小麦纹枯病为土传真菌病害，对土壤湿度比较敏感，在高湿条件下易发生和流行，尤其是小麦群体过大、田间阴蔽、偏施氮肥的田块，纹枯病发生重。①选用种植相对抗（耐）病品种。②进行药剂拌种，预防病害的发生。选用2%立克莠按种子量的0.1%～0.15%拌种，或用20%粉锈宁按种子量的0.15%拌种，可推迟纹枯病发病10天左右。③加强田间管理，减轻病害发生。在不影响冬前形成壮苗的前提下适当推迟播种期，降低播种量。合理运筹肥水，注意增施磷、钾肥，春季追施氮肥时期后移，以提高植株的抗病能力；在春季田间出现旱象时，应避免大水漫灌。增强田间通风透光性能，减轻病害发生程度。④抓住关键时期，突击防治。建议在2月底至3月初间隔7～10天两次喷药防治，每亩每次用药量为5%井冈霉素水剂200毫升+20%粉锈宁乳油50毫升。同时大力推广清晨趁露喷雾技术，利用露水增加用水量，确保药液能淋到麦苗基部以提高防治效果。⑤开展叶面施肥，减少病害损失。小麦纹枯病开始时危害叶鞘，严重时侵入茎秆，阻止养分输送，严重影响小麦产量。在小麦生育后期进行药肥混喷，喷施磷酸二氢钾等叶面肥可以增强植株的抗病能力，获得较好的增产效果。

102. 怎样防治小麦全蚀病？

答：小麦全蚀病是一种根腐和茎腐性病害，是比较严格的土壤寄居菌引起的。此病是一个毁灭性较大的病害，小麦受害后，轻则减产10%～20%，重则减产50%以上。症状：是典型的根病，主要是根和茎秆基部的1～2的腐烂所致，灌浆成熟期病株叶片至下而上早枯，籽粒秕或空粒，直立不倒伏，形成白穗。其防治方法：一是无病区加强检疫，防止病害传入；二是新病区要采取扑灭措施，进行深翻改土，改种非寄主作物，老病区采取稻麦轮作，控制病害蔓延；三是轮作倒茬，增施有机肥和合理使用氮，磷，钾肥；四是药剂防治，病田在小麦拔节期，每亩用15%粉锈宁可湿性粉剂100克或20%粉锈宁乳油75毫升对水40～50千克喷施，可兼治锈病、白粉病。

103. 怎样防治小麦矮星黑穗病？

答：这是我国对外检疫对象的一种病害，为害较大，很难防治。因为病菌能在土壤中存活6～7年，甚至10年，随着土壤和种子传播，很难根治，是一种危险病害。

症状：有4个特别明显的特征，植株矮小是健株的1/3～1/2；分蘖多可达8～10株；小穗密多且为炸开状；病粒特硬，不易压碎，有明显的腥臭味。

防治：用0.3%的敌萎丹拌种；调整耕作制度，发病严重的地块改种春麦，或5～7年的轮作，另外深播或过早过晚播种也能降低危害率。

104. 怎样防治小麦散黑穗？

答：小麦黑穗病主要有腥黑穗病和散黑穗病，主要危害麦穗和籽粒，可造成严重减产。防治措施是选用抗病品种。建立无病种子田。用粉锈宁按种子重量的0.3%有效成分拌种，或用12.5%特谱唑按种子量的0.3%~0.5%拌种，或用50%苯来特按种子量0.1%~0.2%拌种，对防治两种病害均有效。冬小麦坚决杜绝以粮代种，选择优良抗病品种；实行与非禾本科作物轮作。

105. 小麦害虫主要有哪些?

答：小麦害虫主要有小麦蚜虫、小麦吸浆虫、麦蜘蛛、小麦黏虫、灰飞虱；地下害虫主要有金针虫、蛴螬、蝼蛄、地老虎等。

106. 小麦害虫的防治方法分几类?

答：①农业防治。采用种植抗虫品种减轻害虫危害（如吸浆虫等），或者调整播期错过害虫成虫产卵高峰期等来避免害虫危害（如皮蓟马等），或采用间种不同作物或不同作物轮作（如小麦与水稻轮作对地下害虫有效）等。②物理防治。采用灯光（杀虫灯）来诱杀鳞翅目成虫、金龟子、步甲等具有趋光性的成虫；利用颜色（黄板）来诱杀蚜虫、吸浆虫等趋色性的害虫。③生物防治。采用昆虫天敌（寄生蜂、瓢虫、草蛉等）的大规模饲养释放和病原菌（白僵菌、绿僵菌等）的大量培养施用，能有效杀死害虫，保护生态环境。④化学防治。就是直接采用喷洒化学杀虫剂，控制害虫的暴发成灾。注意选用高效、低毒、低残留，能有效保护天敌的环境友好型农药，确保生态环境健康。⑤生态调控。减少小麦单一作物的连片大范围种植，采用小麦与油菜、蚕豆、蔬菜等作物间作套种，采用小麦与水稻轮作，可以有效降低小麦害虫的为害。

107. 怎样防治小麦蚜虫？

答：麦蚜主要有麦长管蚜、黍蚜和麦二叉蚜。从小麦苗期至穗期都有为害，以穗期为害对产量影响最大。苗期当蚜株率达40%～50%，平均每株有蚜4～5头时进行防治，穗期当有蚜穗率达15%～20%，每株平均有蚜10头以上时进行防治，可用25%蚜青宁50毫升/亩或25%快杀灵50毫升/亩，也可用40%氧化乐果50毫升/亩结合防治麦黏虫对水50千克喷雾或对水20千克弥雾。单防治麦蚜可选用50%抗蚜威可湿性粉剂6～8克或10%吡虫啉或蚜虱净10～20克对水喷雾或弥雾。

108. 怎样防治小麦吸浆虫？

答：小麦吸浆虫主要有红吸浆虫和黄吸浆虫。最佳防治时期有蛹期和成虫期防治。蛹期（小麦抽穗期）防治土壤查虫时每取土样方（10厘米×10厘米×20厘米）有2头蛹以上，就应该进行防治。防治方法：每亩用5%毒死蜱粉剂，600～900克拌细土20～25千克，顺麦垄均匀撒施；每亩用40%甲基异柳磷乳油200毫升，对水1～2千克，喷拌在20～25千克的细土上，顺麦垄均匀撒施；亩用40%辛硫磷乳油300毫升，对水1～2千克，喷在20千克干土上，拌匀制成毒土撒施在地表，施药后应浇水，以提高防效。成虫期（小麦扬花至灌浆初期）防治：灌浆期拨开麦垄一眼可见2～3头成虫时，应进行药剂防治。每亩用40%辛硫磷乳油65毫升，或菊酯类药剂25毫升，对水40～50千克于傍晚喷雾，间隔2～3天，连喷2～3次。或每亩用80%敌敌畏乳油100～150毫升，对水1～2千克喷在20千克麦糠或细砂土上，下午均匀撒入麦田。

109. 怎样防治麦蜘蛛?

答：麦蜘蛛在春秋两季为害麦苗，成、若虫均可为害，被害麦叶出现黄白小点，植株矮小，发育不良，重者干枯死亡。其防治方法是：①农业防治。采用轮作换茬，合理灌溉，麦收后翻耕灭茬，降低虫源。②药剂防治。当小麦百株虫量达500头时，可选用40%氧乐果乳油50毫升/亩或48%乐斯本乳油80毫升/亩等有机磷制剂对水40~50千克喷雾防治。

110. 怎样防治小麦黏虫?

答：小麦黏虫是一种迁飞性害虫，冬季在南方的广东、广西、福建等沿海地区越冬，春、夏、秋季在我国的长江中下游、黄淮海、华北、东北等主要麦区迁移危害。防治方法：百株幼虫10头或每平方米5头时需防治，用90%晶体敌百虫1 000~1 500倍液，50%马拉硫磷乳油1 000~1 500倍液，或用90%晶体敌百虫加40%乐果乳油等量混合液1 200~1 500倍液喷雾。4.5%高效氯氰菊酯2 000~3 000倍液均匀喷雾；25%灭幼脲三号500~600倍均匀喷雾；25%敌马乳油50~80毫升，对水15~30千克均匀喷雾。

111. 小麦田是否需要防治灰飞虱?

答：灰飞虱可为害小麦、玉米、水稻等作物，直接刺吸汁液为害能造成茎基糜烂发臭、植株萎缩枯黄，从而造成减产，为害程度严重的可以造成绝产绝收；同时，灰飞虱传播小麦黑条矮缩 病毒、水稻条纹叶枯病毒和玉米粗缩病毒，造成小麦、水稻、玉米的严重损失。由于灰飞虱可以在小麦、玉米和水稻上转移危害，虽然在小麦上造成的损失不大，但为了降低虫源基数，应该在小麦、水稻和玉米等各个环节开展防治，以降低

对其他作物造成的损失。防治方法：①加强小麦上灰飞虱的监测预警工作，防止灰飞虱大量迁飞扩散为害，适时调整玉米播种时期，避开带毒灰飞虱迁飞高峰期，不要进行小麦、玉米套种。②药剂拌种。用75%的3911乳油150毫升，对水3千克，拌麦种50千克，拌匀后堆闷12个小时播种，对防治传毒昆虫灰飞虱、小麦蚜虫控制病毒病流行有效，且可兼治田鼠及地下害虫。灰飞虱发生期，用药时从麦田四周开始，防止其逃逸。③化学防治。药剂有50%马拉硫磷乳油2 000倍液或50%对硫磷乳油2 500倍液、40%乐果乳油1 000倍液、40%氧乐果乳油1 500倍液、50%杀螟硫磷乳油1 000倍液、10%氯氰菊酯乳油3 000倍液、10%大功臣可湿性粉剂3 000～4 000倍液。

112. 怎样防治小麦地下害虫?

答：为害小麦的地下害虫主要有蝼蛄、蛴螬和金针虫，在全国麦区均有发生。①农业防治。麦田发生金针虫时，适时浇水，可减轻为害。农田深耕，深秋季深耕细耙，产卵化蛹期中耕除草，将卵翻至土表暴晒致死。②灯光诱杀。蝼蛄、蛴螬和金针虫成虫具有较强的趋光性、飞行能力强，成虫发生期在田间地头设置黑光灯杀虫灯可有效诱杀成虫。③化学防治。药剂拌种：可用50%辛硫磷乳油、40%甲基异柳磷乳油、50%对硫磷乳油、2.5%溴氰菊酯乳油等，按药：水：种子比例1：100：1 000，或用种衣剂1：50：600。在暗处将种子放塑料布上，撒上药水拌和均匀，拌后闷2～3小时，干后播种。撒施毒土：每亩用40%辛硫磷乳油或40%甲基异柳磷300毫升加水1～2千克拌细砂或细土20千克顺垄撒施，撒后浇水。或在根旁开浅沟撒入药土，随即覆土，或结合锄地把药土施入，可防地下害虫。毒液灌根：在地下害虫密度高的地块，可用40%甲基异柳磷或用50%辛硫磷50～75克，对水50～75千克，顺麦垄喷浇麦根处，杀虫率达90%以上，兼治蛴螬和金针虫。撒施毒饵，用麦麸或饼粉5千克，炒香后加入适量水和40%甲基异柳磷，或

50%1605乳油50克，拌匀后于傍晚撒在田间，每亩2～3千克，对蝼蛄的防治效果可达90%以上。

113. 什么是“一拌三喷”？

答：小麦生产中经常发生的病害有锈病、黄矮病、白粉病、赤霉病、全蚀病和根腐病等；虫害有麦蚜、麦蜘蛛、吸浆虫和地下害虫（蛴螬、蝼蛄、金针虫等)。因此在防治策略上，一是要选用广谱性杀虫剂和杀菌剂，做到复配使用、一举两得；二是选择最佳的用药时期。目前防治小麦病虫害最有效的方法是“一拌三喷”“一拌”就是把好小麦播种时的拌种关键。播种前用广谱杀虫剂和杀菌剂复合拌种。即可防治小麦地下害虫，又可防治锈病、全蚀病、黄矮病等在苗期发生。“三喷”是指在小麦拔节期到灌浆期根据病虫发生情况，采用杀虫剂、杀菌剂和微肥混合喷施，即可防治小麦蚜虫和吸浆虫等虫害，又可防治各种病害的发生。

114. 什么是“一喷多防”？

答：“一喷三防”技术是在小麦抽穗后至籽粒灌浆期，在叶面喷施杀菌剂、杀虫剂、植物生长调节剂或叶面肥等混配液，通过一次施药达到防病、防虫、防早衰的目的，获得提高粒重的效果。小麦抽穗到收获阶段，主要病虫害有白粉病、条锈病、赤霉病、叶枯病、颖枯病、赤霉病、麦蚜、吸浆虫等，为确保小麦丰收，病虫害应立足同时防治。①抽穗扬花前及时喷药防治吸浆虫、预防赤霉病。抽穗扬花前是小麦吸浆虫成虫羽化产卵高峰，也是感染赤霉病的关键时期，可亩用70%甲基托布津可湿性粉剂500～600倍液加4.5%高效氯氰菊酯乳油1 000倍液喷雾，可起到治虫防病的双重效果。注意避免扬花期喷药。②灌浆期混合施药，防治麦蚜、预防病害、促进灌浆。灌浆期是是提高小麦产量的关键期，同时也是麦蚜、白粉病、叶锈病

等病虫害发生盛期，当百穗有蚜虫800头时应及时喷药防治，可用10%吡虫啉可湿性粉剂1 000倍液或1.8%啶虫脒乳油2 000～3 000倍液加12.5%烯唑醇可湿性粉剂2 000～3 000倍液或25%三唑酮可湿性粉剂1 000～1 500倍液加0.2%磷酸二氢钾混合喷雾，间隔7～10天再喷一次。③灌浆后期预防叶枯病、颖枯病、干热风。小麦灌浆后期易受叶枯病、颖枯病、干热风为害，可用50%多菌灵可湿性粉剂500倍液加0.2%磷酸二氢钾混合喷雾预防。根据病虫和干热风的发生情况进行1～2次。

该技术适用于种植冬麦的区域，但是需要根据不同冬麦区的病虫害和干热风发生情况，制定适合县市"一喷三防"的重点防治对象，确定杀菌剂、杀虫剂、植物生长调节剂或叶面肥的种类和配方。"一喷三防"应以防治条锈病、白粉病、赤霉病、蚜虫为重点，兼顾防早衰等。

115. 药剂拌种可以防治哪些小麦病虫害？

答：药剂拌种可以控制地下害虫（蝼蛄、金针虫、蛴螬）、种子和土壤带菌传播的病害（腥黑粉、散黑穗、秆黑粉、纹枯）以及有昆虫传播的丛矮病和黄矮病等。防治小麦苗期白粉和纹枯病可用15%粉锈宁可湿性粉剂按麦种重量0.2%的药量干拌；33%纹霉净可湿性粉剂、2%戊唑醇可湿性粉剂或12.5%烯唑醇可湿性粉剂，按麦种重量0.2%的药量湿拌。防治小麦黑穗病，可用50%多菌灵可湿性粉剂200克拌种100千克，拌种时，先将药剂以少量水稀释，用喷雾器把药液喷到种子上，边喷边拌，堆闷5～6个小时后播种。防治地下害虫可用40%甲基异柳磷乳油按1∶100∶1 000（农药∶水∶种子）拌种，或用50%的辛硫磷按种子重量的0.2%进行拌种。拌种时先将农药按要求比例加水稀释成药液，再与种子混合拌匀，堆闷5～6个小时，摊晾后即可播种。麦蜘蛛常发地区，可选用75%3911乳油100～150毫升，对水5千克，喷拌50千克麦种防治麦蜘蛛，同时可兼防小麦黄矮和丛矮病。杀虫、杀菌剂混合拌种。对小麦黑穗病、地下害虫及苗期多种病虫混合发生区，可采用杀虫剂、杀菌剂混合拌种，拌种的用药量必须严格按照要求进行，一般先将杀虫剂按要求比例加水稀释成药液，用喷雾器将药液均匀喷洒于种子，堆闷3～4小时摊开晾干后再拌杀菌剂，拌种时须注意的是粉锈宁拌种要干拌，若用其他药剂进行湿拌，拌匀后立即晾干，严禁多种药剂混拌种，以免发生药害。

116. 小麦病虫害综合防治应抓好哪几个关键时期?

答：小麦病虫害种类虽有很多，但往往集中于几个关键时期。在认真落实农业综合防治措施的基础上，要抓好以下关键时期：播种期（综合拌种和土壤处理）、返青拔节期（粉锈宁早期控制白粉病和锈病）、扬花灌浆期（一喷多防，综合施药，即喷药防治病害、虫害和防御干热风危害）。

117. 有哪些常见麦田杂草和常用除草剂?

答：常见的麦田禾本科杂草有野燕麦、看麦娘、稗草、狗尾草、硬草、马唐、牛筋草等。常用麦田防除禾本科杂草的除草剂有骠马、禾草灵、新燕灵、燕麦畏、杀草丹、禾大壮、燕麦敌、青燕灵、野燕枯等。

118. 如何识别和防治麦田阔叶杂草?

答：常见的麦田阔叶杂草有马齿苋、猪秧秧、小蓟（刺儿菜）、荠菜、米瓦罐、苣荬菜、律草（拉拉秧）、苍耳、播娘蒿、酸模、叶蓼、田旋花、反枝苋、凹头苋、打碗花、苦苣菜等，用于麦田防除阔叶杂草的除草剂有2,4－D丁酯、二甲四氯、苯达松、巨星、百草敌、甲磺隆、绿磺隆、使它隆、西草净、溴草腈、碘苯腈等。

119. 麦田化学除草要特别注意的技术问题？

答：（1）正确选择和使用除草剂：每一种除草剂都有一定的杀草谱，例如燕麦畏只能防除野燕麦；2,4－D丁酯对荠菜、鹅不食、猪殃殃等“白花草”防效较差；噻磺隆对播娘蒿、猪殃殃等杂草的防效比较差。所以各地应根据当地杂草种类和耕作制度选择对路有效的除草剂。杜邦亿力防除阔叶杂草效果很好，对小麦也很安全，而甲磺隆、绿磺隆含量高的苯磺隆只能在稻麦轮作制麦田早期使用，若后茬种植玉米、棉花、大豆、花生和绿豆等作物就会产生严重药害。从除草剂作用速度上看，2,4－D丁酯速度最快，24小时就能见效，杜邦亿力较慢，一般一周后才能见效，但杀根彻底。从安全性上看，杜邦亿力最安全，施用杜邦亿力的喷雾器也较易清洗干净；2,4－D丁酯漂移严重，对临近作物危害很大，喷雾器必须专用。

（2）最佳施药时间：2,4－D丁酯一般不建议冬前除草使用，很易出药害。如果年前没来得及施药，最好在年后3月上旬前施药，用药量为产品推荐用量的上限。如果春季用药较晚，杂草较大，必须选择优质无杂质的除草剂，并适当加大用药量。2,4－D丁酯对施药时期要求最严，必须在分蘖盛期使用，施药时温度不宜过高或过低，否则易造成穗畸形或扭曲，小花不孕形成瘪粒，千粒重和产量下降。

（3）注意施药时的温度：温度直接影响除草剂的药效。除草剂应在晴天、气温较高时施药，才能充分发挥药效。早春气温不稳，寒流多，大风天气多。因此，施药期间要密切注意天气预报，在寒流来临前或寒流期间不宜施用。选择气温较高，晴朗无风的中午施药，防效最佳。

（4）提高施药技术：施用除草剂一定要施药均匀，既不能漏喷，也不能重喷。建议使用粉剂除草剂时采用二次稀释法，首先配母液，用水量一定要足，亩用水量不得少于25千克，否则药效没有保证。切记有风时不能喷药，以免降低药效和为害相邻的敏感作物。喷过药的喷雾器要清洗干净后再在其他作物上使用。施用2,4－D丁酯的喷雾器一定要专用，以免伤害其他作物。

120. 使用2,4－D丁酯的注意事项有哪些？

答：①2,4－D丁酯要求温度必须在10℃以上才可使用；②2,4-D丁酯施用时期比较严格，必须在小麦分蘖盛期使用；③若气温过低或使用时期不对，对小麦易造成药害，从而导致减产；④2,4－D丁酯极易漂移，距离施药麦田300米远的敏感作物就容易中药害；⑤使用2,4－D丁酯的喷雾器不宜清洗干净，由于误用使用过2,4－D丁酯的喷雾器，给其他阔叶作物打药造成药害的实例比比皆是。

121. 为什么施用磺酰脲类麦田除草剂必须先配母液？

答：因磺酰脲类产品用药量一般都比较少，如果将药剂直接倒入喷雾器中，药剂便会沉积在喷雾器底部，致使药剂比较难以溶解及混合均匀，因此使用前必须先配制母液，配制母液可以大大提高防效。

122. 为什么要提倡在冬前化学除草？

答：过去群众只习惯在春季开展化学防除，对其弊端并不十分明了：一是有效用药时间短，极易错过防除时机，防除面积小；二是春季麦苗对杂草的覆盖度大，杂草受药面积小，导致除草效果差；三是杂草个体发育健壮，抗药力增强，降低了防除效果；四是麦田中行走困难，喷药效率低，质量难保证，也为药害的发生埋下了隐患。因此，应在冬前大力开展麦田化学除草，为夺取来年丰收奠定基础。

123. 为什么冬前进行麦草秋杀的效果好？

答：大多数农民朋友喜欢在春天浇返青水后再使用除草剂，用药时间偏晚，使得这些问题更加突出，原因主要是：①春天麦田里杂草生长很快，喷施除草剂的最佳适期不易掌握，往往因为除草剂使用过晚，杂草过大，除草效果很不理想。②春天寒流多，风沙大，气温不稳定，除草剂使用效果常常不理想，甚至可能会出现药害。③因连续多年单一除草剂的使用，麦田杂草草相发生变化，个别地块麦家公、麦瓶草、猪秧秧等杂草很多，这些杂草在春天防治效果一般都不理想。④春天使用除草剂较晚，出现隐性甚至明显药害，表现症状为生长缓慢、黑根烂根、黄叶死苗、产量严重降低。基于以上原因，建议农民朋友应改变晚春使用除草剂的习惯，尽量在冬前进行麦草秋杀，或在早春尽早使用优质、广谱、高效、安全的麦田除草剂。

124. 麦田使用除草剂效果不好的原因有哪些？

答：经过多年的调查，麦田除草效果不好的主要原因有以下几点：第一，不配制母液，混药不充分；第二，用水量少，出现漏喷；第三，用药较晚，杂草草龄大或杂草密度较大，药量不足。另外也有一些杂牌除草剂因含量不足，造成除草效果不好。

125. 小麦一年打药的时间分别是什么时候？

答：(1) 播种前：可结合施肥撒施3%辛硫磷或5%毒死蜱颗粒剂防治蛴螬、金针虫、蝼蛄等地下害虫。也可用辛硫磷、毒死蜱、甲基异柳磷、吡虫啉、氯虫苯甲酰胺等杀虫剂配合多菌灵、三唑酮、苯醚甲环唑、咯菌腈、氟吡菌胺等杀菌剂或用小麦专用的拌种剂对小麦种子进行拌种或种子包衣。

（2）冬前小麦三叶一心期后（小麦播种后的35～40天）：有野麦子的地块喷施氟唑磺隆、啶磺草胺、甲基二磺隆等防治野麦子的除草剂，再配上防治阔叶杂草的除草剂如苯磺隆、噻吩磺隆、氯氟吡氧乙酸、二甲四氯、唑草酮、双氟磺草胺。

（3）冬前没有来得及喷施除草剂的在年后小麦的返青期至拔节前（小麦茎的节间向上迅速伸长的时期。一般以全田50%以上植株的第一茎节露出地面1.5～2.5厘米作标志）：再补喷除草剂，市场上的小麦田除草剂90%以上的都必须在小麦拔节前喷施，拔节后使用都会有显性的或者隐性药害，会造成不同程度的减产。也有少数除草剂在小麦的拔节后的前期也能施药对小麦相对比较安全，如噻吩磺隆、氯氟吡氧乙酸、双氟磺草胺等。小麦种植密度高，肥水大麦苗徒长的地块也可以在返青起身期喷施多效唑、烯效唑、矮壮素等防治小麦徒长和倒伏。另外可根据小麦的长势、气候以及病虫害的发生情况再有针对性的进行防治。

（4）小麦孕穗期（4月中旬）：是小麦麦蜘蛛的发生高峰期可跟据情况喷施阿维哒螨灵、马拉硫磷等加入硼肥、锌肥喷药防治。

（5）抽穗扬花期：重点做好“一喷三防”的工作在“五一”前后喷施多菌灵、咪鲜胺、甲基硫菌灵加苯醚甲环唑或丙环唑、再加吡虫啉或丁硫克百威。

第七章　小麦生产机械化

126. 麦田耕作措施对小麦生长有哪些作用？

答：麦田耕作包括小麦播种前的耕作整地和小麦生长期间麦田的中耕、耙耱、镇压等措施。播前耕作，麦田耕翻不仅可破除土壤板结，把施用的有机肥和田间残茬、杂草掩埋到土壤下层和熟化耕翻到上层的底土，而且能增加土壤通透性，蓄纳更多的雨水，改善土壤的水、肥、气、热等状况，为小麦出苗和正常生长提供良好的土壤环境。耕翻一要根据不同的土质和墒情变化，掌握好适耕期，一般以土壤水分相当田间最大持水量的60%~70%时进行耕翻为宜。黏重土壤尤其要掌握好耕耙翻时间和方法，以免造成大泥条和大坷垃。二是麦田翻耕后要及时耙细、耙实，平整土地，对于土层过松或有翘空的田块，还应进行适当镇压，以防透风和水分过多蒸发。田间耕作，小麦播种后和生长期间，田间湿度大，或下雨、灌水后，可采用中耕、耙地或耧麦等措施，及时破除地表板结，疏松表土，改善通气条件，以利小麦出苗和生长；麦播后如遇到土层土壤疏松，表土干燥，或越冬前后麦田经冻融交替，土松空隙增大，应及时镇压，以保麦苗安全越冬和健壮成长。对于缺少稳固性结构和过于松散的土壤，应减少中耕和耙地次数，以防破坏土壤团粒结构，造成水土流失或风蚀；盐碱土和低湿黏土不宜镇压，以防盐或使土壤过于紧密，影响麦苗生长。在小麦生长期间，适时、适度中耕有利于小麦生长；深中耕和镇压可抑制小麦旺长，预防倒伏。

127. 合理整地对取得高产的重要意义是什么？

答：小麦要保证优质高产主要依赖于其强大的根系，因此，要进行深耕整地，为小麦根系的生长创造良好的条件。从功效上来说，整地一方面能够杀死土壤中的害虫，为小麦的生长保驾护航，另一方面也能够使得土壤深处的营养物质能够被“翻”到表面上来，并且最大程度上支持小麦的生长。从意义上来说，合理的整地工作能够为小麦的高产带来巨大的促进作用。合理的整地能够疏通田间的灌溉通道，对于小麦的水分、营养元素的吸收也有一定的正面意义。整地时要遵循早、深、透、细、平、实的原则，机耕在25～27厘米，畜力犁则在18～22厘米。深耕要在原有的基础上加深耕层，并与细耙、多耙相配合，做好防旱保墒；一些地块土壤偏硬，要注意踏实土壤，保住底墒，并在深耕整地时尽量粉碎坷垃，使土表平整对播种更有利。

128. 小麦耕层过浅的危害及对策是什么？

答：目前小麦生产中大多只用旋耕，耕层过浅，再加上不能精细整地，整地不良，土壤不实，透风透气，尤其是秸秆还田的麦田，保墒保肥能力下降，小麦初根系不能下扎，不能充分吸收地下水肥，造成小麦抗旱能力降低，甚至出苗后不久就因缺水缺肥死亡。

对策：秸秆还田的地块三年要深翻一次，打破犁底层，耙耱要精细，做到上虚下实，增加耕层保肥蓄水能力。

129. 小麦整地、播种质量差的对策是什么？

答：整地质量差，明暗坷垃多，造成播种质量下降，缺苗断垄和空根等现象严重，不能保证基本苗数，越冬还容易受冻害。

对策：在精细整地的基础上，机手在播种过程中一定要保持匀速，做到不缺垄，不断行，播后要进行镇压，使种子和土壤充分接触，保证小麦的基本苗数。

130. 为什么要进行播后镇压作业？

答：播后镇压技术是抗旱节水保墒的最重要措施之一，可以压碎坷垃，弥补裂缝，有效减少冬季土表水分蒸发，起到保温保墒的作用。生产中越冬期间受“旱寒危害”重的麦田很大部分是因土地整得过暄、播后镇压不到位所致。而且镇压是给在播种环节做得不好的麦田（如播种过浅，播量过大，播种过早）一个“救命”的机会，因此这类麦田更要做好镇压。经调查，镇压过的麦田越冬—返青期干土层可比未镇压的麦田少2厘米。

131. 冬小麦滴灌节水高产栽培技术有什么要点？

答：(1) 播种方法：播种前将播种机械改装，采用一条龙作业，随播种随铺毛管，毛管铺设在土壤1～2厘米深处。铺管方式为：沙壤土，播种采用一管6行，3.6米播幅，播24行小麦，铺设4条毛管，小麦行距12.5厘米，铺设毛管位置小麦行距为20厘米。壤土或黏土地，3.6米播幅，播24行小麦，铺设5条毛管，中间毛管，一管滴5行小麦。播种机交接行，毛管，一管滴4行小麦。

(2) 肥水管理：滴水：播后3～5天内联结好主管、支管和毛管。冬小麦滴灌一般滴水8～9次，沙性较强的地块滴水要9～11次。先播种后滴水出苗。一般滴出苗水1～2次。生育期间每次滴水量每亩35～40立方米，做到前中期滴水量大，后期滴水量小。在冬小麦拔节期、挑旗孕期、抽穗扬花期、灌浆期要滴水6～7次。冬小麦春季第一次滴水应根据小麦苗情灵活掌握。一般在4月15日前滴水施肥．最后一次滴水，中早熟品种“夏至”前停水，中晚熟品种6月底前停水。

（3）追肥：在冬小麦拔节期、挑旗孕期、抽穗扬花期、灌浆期要四个时期随滴水滴肥5～6次。施肥采用“少吃多餐”原则，以提高肥料利用率。开春第一次滴水追施尿素15千克/亩，硫酸钾3千克/亩；二水滴尿素8千克/亩；三水滴尿素5千克/亩，最后两次滴水尿素2千克/亩，增施磷酸二氢钾2千克/亩，以防止干热风的危害，增加粒重，提高品质。

132. 小麦播种机如何正确使用？

答：小麦播种机播种均匀、具有良好的覆土效果，可以有效降低种子的使用量，工作效率高。正是由于小麦播种机具有以上优点，才使播种机得到广泛推广。但是作为小麦播种机的操作人员来讲，必须正确地掌握正确地操作以及相应的维修、保养方法，这样才能有效的提升小麦播种的质量以及工作效率。

（1）操作过程中应该注意的问题：

①在小麦播种机的播种过程中需要注意一些操作的问题，如对装种箱、肥箱进行定期的查看，避免出现断肥或断种的情况，断肥断种在影响农艺标准的同时也会对小麦播种机造成一定的损坏。所以，在播种机播种的过程中一定要适时查看种箱及肥箱的状态，要确保两个箱子内种子和肥料均不能少于箱子总容积的1/4。②在小麦播种机播种作业的过程中，土壤的相对含水率达到70%以上时，不能进行播种作业。因为土壤中的含水率过高，土壤的黏性就会增加，此时如果进行播种，会造成播种机的零件堵塞，并且在这种高黏度的土壤中播种对种子的成长也会造成影响。所以，为了能够获得最佳的播种效果，通常所选择的土地含水率一般在50%左右。③小麦播种机需要转移地块时，必须将机具提升到最高的位置，这样可以对机具进行最佳的保护，从而避免出现小麦播种机被破坏的情况。④通常情况下，操作人员还要经常重视对小麦播种机的检查、维修

等。播种机的操作人员应该按照使用规定进行检查。当播种机每天工作到10小时的时候，就需要对其进行强制性的检查，检查涉及很多的零部件，例如各润滑点的润滑是否满足要求，种箱、肥箱及排种器内是否有杂物，各连接部位的连接情况等。小麦播种机的操作人员还需要注意，当播种机开始工作时需要对开沟器、排种器等进行清理，清理这些部位上面的杂草杂物，并且需要严格的按照使用规定，在播种机累积工作最多80小时后，对各齿轮之间的间隙进行调整。当小麦播种机使用一段时间以后，由于在恶劣的条件下工作或是相关的操作人员没有按照规定进行操作，造成一系列问题的出现，这就要求操作人员需要依据使用要求对其进行检查，在确保小麦播种机工作质量的同时，进一步提高其使用寿命。

（2）常见故障以及相应的解决办法：

①播种深度不够。小麦播种机在经过很长一段时间的工作以后，就会出现播种深度不够的情况，造成这种情况的原因主要有以下几种情况。第一，开沟器的弹簧压力较低，这样会造成小麦播种机的播种深度不够，此时需要将松弛的弹簧进行调紧，这样可有效的增加开沟器的压力，使得播种的深度达到播种的要求；第二，可能会出现开沟器的拉杆被破坏、变形的情况，从而造成播种机的入土角度变小，最终造成播种深度不够。此时需要对开沟器的拉杆进行调整，这样可以有效的调整播种机的入土角度。②开沟器出现堵塞。在小麦播种机工作的过程中，出现开沟器堵塞的情况，主要有以下几方面的原因。第一，小麦播种机在工作的过程中落地过猛，此时有可能造成开沟器的堵塞；第二，土壤的湿度较高，其黏度就会显著的增加，此时会出现开沟器堵塞；第三，当开沟器入土后，尽量不要进行倒车操作，一旦倒车可能造成开沟器的堵塞。如果发现开沟器堵塞，应该立即停止工作，对开沟器进行清理，将堵塞开沟器的杂物清除掉。同时，为了避免开沟器再次被堵塞，农机手在工作时就要格外的注意，应该进行适度的播种，在作业中，尽量不要倒车。③覆土不严。播种机在工作时，出现覆土不严的

现象，一是覆土板的角度出现了问题，致使播种机在进行覆土的环节上出现问题；二是开沟器弹簧的压力不足；三是土壤太硬。这些因素都会产生覆土不严现象。农机手在工作过程中，如果出现以上问题，就应该针对具体的情况进行调整。覆土板的角度不对，就要马上停车调整覆土板的角度。如果是第二种问题，就要立即调整开沟器弹簧的压力，从而使开沟器的压力增加，进而增加播种机的配重。

133. 耕整地作业中存在什么问题？

答：目前，在小麦播种前越来越多地采用旋耕作业，旋耕作业虽然具有碎土能力强，作业效率高，利于混合肥料和掩埋残茬等优点。但在作业过程中，机手多数只图经济效益，不讲作业质量，作业层往往只有8～12厘米，导致犁底层上升，耕作层变浅，影响根系的下扎和生长发育，成为影响小麦产量进一步提高的又一因素。旋耕作业后还存在镇压不实的问题。作业后如不进行镇压或镇压不实，土壤呈松软状态，透气性好，保墒性差，如遇干旱天气，土壤水分大量蒸发，必然会加重作物旱情。同时土壤呈松软状态，小麦根系悬在土壤空隙中，吸收水分和养分困难，导致苗小苗弱，严重时出现死苗。另外，采用铧式犁耕翻→机引耙耙平进行耕整地也存在着耕层过浅，不能耙透的现象，达不到“耕深、耙透、镇实、整平”的耕整地要求。

134. 播种环节存在哪些问题？

答：过去认为小麦是“三分种，七分管”的庄稼，也就是说即使未能种好，还可以通过大量的劳力来加强田间管理来弥补不足，获得较好的产量收成。而现在，由于农村大部分劳动力外出务工，一些小麦常规田管技术措施难以实施，因此，小麦播种环节显得十分重要，实际上变成了“七分种、三分管”。

但在小麦的实际生产中，播种环节存在很多问题，主要表现为“三太”。

（1）播期太早：近年来，近年来全球气候变暖，秋、冬季节温度较高，小麦生长发育较快，出现旺苗，很容易遭受越冬期的冻害和春季霜冻，并且病害严重，容易产生倒伏现象。

（2）播量太大：农民群众普遍存在“有钱买种，无钱买苗，稠麦子，稀豆子”的传统观念，在播种小麦时，习惯采用大播量。随着地力和施肥、播种等条件逐步改善以及药剂拌种和种子包衣技术的应用，小麦播种成苗率有了很大的提高，继续采用大播量，便产生出苗拥挤、病害多、易倒伏等诸多危害。

（3）播种太深：根据不同土质，在适期适墒范围内播种深度应该在3～5厘米，最多不超过6厘米，而在实际生产中，特别是在旋耕作业地块，由于镇压不实，表层土壤疏松，不少田块播种深度超过6厘米，造成苗弱，有的田块形成“拖秧”不能出苗。

135. 机械化作业方面存在哪些问题？

答：①近年来，小麦病虫害呈现多发的趋势，在小麦整个生长过程中，至少要喷施三次农药。而目前的喷药方式主要是使用手动喷雾器。使用手动喷雾器，不但工作效率低、劳动强度大，而且污染严重。②小麦收获后，大量秸秆无法处理，秸秆还田机械化水平还很低，大面积焚烧秸秆的现象还普遍存在。③随着国家各项土地流转政策的出台，各地涌现出不少种粮大户，但是他们在收获小麦后，晾晒成了他们共同的难题。由于害怕小麦发生霉变，收获后，不管市场行情的好坏，都要进行出售，这在一定程度上也减少了他们的收益。

136. 小麦玉米茬秸秆还田时应注意哪些问题？

答：玉米秸秆含有丰富的养分，一季还田的养分大约相当于尿素10千克，过磷酸钙7.5千克，氯化钾7.5千克。长期秸秆还田可提高土壤有机质含量，改善土壤团粒结构，培肥地力效果十分明显。但要格外注意确保秸秆还田作业的质量，做到秸秆细碎（最好在3厘米以下）、分布均匀。为了保证秸秆还田质量，应注意“及时，细碎，增氮，踏实，补墒”。“及时”，就是在作物收获后要趁秸秆水分含量较高时及时翻压入土，适当耙耱压实，有利于快速腐烂转化。“细碎”就是要注意充分粉碎，翻压入土，一般要粉碎两遍，第一遍粉碎过后，人工将压倒的秸秆清出，以使第二次粉碎时能够被粉碎到。另外，田间作业机械一定要有足够的动力和转速，粉碎时要深入地表2~3厘米，以便将作物根茬部位粉碎掉。旋耕整地时要使旋耕深度达到15厘米。动力较小的机械，也要求深度达到12厘米。有条件的地方，最好每隔3年进行一次深耕或深松，深度最好达到25~35厘米，以打破犁底层。“增氮”，就是要适当增施氮肥，防止土壤碳氮比失调，引起生物夺氮，造成小麦前期幼苗缺氮。“踏实”就是避免地虚，同时结合“补墒”，为微生物活动创造一个合适的环境条件，以利于秸秆腐解。此外，必须搞好病虫害防治。由于作物秸秆所带的病菌很容易通过土壤传播，在玉米生长期间如果病害严重，则不宜进行秸秆直接还田。还需要加强防治随着秸秆还田后逐渐加重的地下害虫，确保小麦优质丰产。

当前生产中经常可见整地粗放，旋耕过浅，秸秆大量拥堆于表层土，播种机行走受阻，速度不均匀，造成秸秆架空麦苗，以致缺苗断垄，影响小麦播种质量。这种情况的后果是，出苗后出现点片麦苗黄弱，越冬前就有发生黄苗死苗的可能。因此精细整地这一环节看似简单，实际上是最容易出现问题的环节，这一环节要作为小麦生产的重中之重来抓好。

第八章　小麦生产中存在的问题及优质高产主推技术

137. 当前小麦生产中存在的问题及解决途径？

答：①只看重收益，不注重养地，造成土地负担过重、营养贫瘠、质量下降；灾害发生频繁；冻害严重、旱害时有发生。②整地播种质量差，出苗率低，缺苗断垄小型机械多；播种行距偏窄。③大播量、大群体，苗不壮，易倒伏播种量过大；群体茎蘖数多而弱；茎秆抗倒性下降。④肥料一次性底施或集中于前期，前期旺长，后期易早衰。⑤草害、病虫害、渍害严重。⑥基础设施薄弱，不能旱涝保收。⑦小麦品种存在一些缺陷：一是抗病性差，容易发生雪腐雪霉病和锈病，导致小麦减产。二是抗倒伏能力太差，尤其是在高产地块种植易倒伏的品种，大大影响小麦的产量。三是小麦品种杂而乱，导致小麦产量差别较大。⑧小麦种植收益下滑。近年来，小麦的单产虽有所增加，但普遍采取粗放式、掠夺式经营，农民小麦种植的收益有下滑的趋势。化肥、种子、农药和燃油的价格上涨，冲抵了小麦增产带来的收益。另外，随着劳务经济的发展，种粮收入占农民收入的比重越来越小，农民种粮积极性不高。劳动力的大量外流，造成留守农民年龄偏大，文化素质偏低，给农机化新技术推广增加了难度。

解决途径：①确定半冬性品种为主导品种，原则：高产稳产广适抗逆；半冬性品种优先、春性品种搭配，半冬性品种抗冻能力较高。②加强农田基础设施建设，推进节水灌溉，确保旱涝包收。③培育高产土壤，深耕平作秸秆粉碎（耕翻旋埋）还田技术；有机无机肥料配施技术；无机肥料平衡施肥技术。④创建高质量群体适期播种：10月10—20日；“宁晚勿早、宁稀勿稠”适量播种，8～10千克/亩，保证适宜基本苗15万～20万/亩；适墒播种：“宁可晚种几天，也不能种欠墒麦”。⑤改善肥料运筹。一增玉米秸秆还田和有机肥施用量，减少化肥使用量；二增追肥量，减少基肥量；三增中后期追肥量，减少前中期追肥量。最佳氮肥运筹方式：基肥：拔节肥：孕穗肥3：5：2或基肥：拔节肥5：5，要氮、磷、钾、锌、锰、硼配方施肥。⑥控制旺长。镇压、适期适量播种、减少前期施肥、喷多效唑、中耕等控制旺长，可借此防冻害、病虫害、草害的严重发生。⑦促进土地的流转及土地的规模化经营，将土地集中于种田能手。

138. 目前，小麦推广的八大主推技术具体包括哪些？

答：（1）小麦规范化播种技术：小麦规范化播种技术包括耕作整地，深松、耕翻，深松或深翻后旋耕，耕后耙地镇压，要求土壤上松下实，耕层和地表没有坷垃；前茬秸秆还田要粉碎2遍，撒匀后耕翻入土或旋耕2～3遍，重视浇水造墒，如果墒情适宜要镇压踏实土壤；种衣剂包衣或药剂拌种；做到适期、适墒、适量播种，播量准确，深浅一致，保证播种质量，强化播后镇压。

（2）半精播高产栽培技术：该技术是在土壤地力、肥水较好的麦田，适当降低基本苗，半精播要求每亩13万～18万基本苗，从而构建合理群体，促进个体发育，使穗足、穗大、粒重，实现高产、稳产、低耗的技术体系。适宜麦区可根据本地的生态和土壤条件确定半精播的基本苗数量，避免大播量。

（3）测土配方施肥技术：该技术是以麦田土壤测试和肥料田间试验为基础的一项肥料运筹技术。主要是根据实现小麦目标产量的总需肥量、不同生育时期的需肥规律和肥料效应，在合理施用有机肥的基础上，提出肥料（主要是氮、磷、钾肥）

的施用量、施肥时期和施用方法。

根据生产经验不同地力水平的适宜施肥量参考值为：产量水平在每亩 200～300 千克的低产田，每亩施用纯氮（N）6～10 千克，磷（P_2O_5）3～5 千克，钾（K_2O）2～4 千克。产量水平在每亩 300～400 千克的中产田，每亩施用纯氮（N）8～10 千克，磷（P_2O_5）4～6 千克，钾（K_2O）3～5 千克。产量水平在每亩 400～500 千克的高产田，每亩施用纯氮（N）10～12 千克，磷（P_2O_5）6～7 千克，钾（K_2O）4～5 千克。产量水平在每亩 500～600 千克的超高产田，每亩施用纯氮（N）12～14 千克，磷（P_2O_5）7～8 千克，钾（K_2O）5～6 千克。

（4）氮肥后移高产优质栽培技术：该技术是将冬小麦底追肥数量比例后移、春季追氮时期后移和适量施氮相结合的技术体系。氮肥后移高产优质栽培技术适宜于中产麦田和高产麦田，是促进小麦生长中期小花发育提高每穗粒数，延缓小麦生长后期衰老增加粒重，改善强筋和中筋小麦籽粒品质的栽培技术。技术要点：中产田底氮肥占总追肥量的 60%，拔节期追施 40%；高产田底氮肥占总追肥量的 70%～80%，拔节期追施 20%～30%。

（5）节水高产栽培技术：冬小麦节水高产栽培技术是以底墒水调整土壤水，减少灌溉次数，提高产量和水分利用率的栽培技术，利用本技术在小麦生育期掌握好灌水技术。技术要点：一是播种前浇足底墒水，将灌溉水变为土壤水。二是选用株型较为紧凑、穗容量高、早熟、耐旱、多花、中粒型品种。三是适当晚播，即减少冬前耗水。四是适当增加基肥中的氮素用量。五是适当增加基本苗，缩小行距至 15 厘米，确保播种质量。六是春季灌水为拔节至孕穗期，最佳组合为拔节水、开花水。

（6）旱茬麦高产栽培技术：该技术是以适期播种、培育冬前壮苗为基础，要求半精量播种，将 50%～60% 的氮素化肥作底肥，40%～50% 氮素化肥后移到起身至拔节期间追施的技术体系。

（7）晚播麦应变高产栽培技术：该技术是在小麦播期推迟的情况下，通过选用良种、以种补晚，提高整地播种质量、以好补晚，适当增加播量、以密补晚，增施肥料、以肥补晚，科学管理、促壮苗多成穗等“四补一促”技术，从而实现小麦高产的栽培技术体系。

（8）小麦防冻高产栽培技术：小麦防冻高产栽培技术主要是预防和补救小麦冻害的应变技术。我国小麦生产的冻害类型主要有冬季冻害、早春冻害（倒春寒）和低温冷害。预防冻害的技术包括选用冬春性适宜的品种、适期适量播种和提高播种质量，培育壮苗。补救小麦冻害的应变技术有受冻后及时浇水和追施氮素化肥。

139. 全面落实“十项”常规技术是哪些？

答：（1）秸秆还田整地技术：精细整地是保证苗齐、苗全、苗匀的主要基础措施之一，秸秆还田质量直接关系整地质量和出苗好坏。玉米收获后要趁秸秆含水量较高时及时粉碎，要把秸秆粉碎精细，长度控制在10厘米以下，力争3~5厘米。旋耕深度要尽可能达到15厘米以上，旋耕2次。整地时要根据墒情掌握好时间，达到土地平整、上虚下实、无明暗坷垃的要求。

（2）增施底肥壮苗技术：适当增施底肥，培育冬前壮苗，缓解春季管理时水分与养分的矛盾，争取春季管理主动。要改变底肥不足和不施底肥而在冬前浇水时追施化肥的被动施肥习惯。高产田要掌握磷、钾全部底施，氮素占全生育期总施氮量的50%~60%，在氮、磷、钾、微合理使用的基础上，大力推广测土配方施肥技术。一般亩底施纯氮6~8千克，五氧化二磷7~9千克，缺钾麦田施氧化钾5~7千克，提倡增施有机肥。

（3）小麦药剂拌种技术：药剂拌种是防止虫害和土传、种传病害，保证苗全的有效措施。近年来局部区域地下害虫为害加重，土传病害呈蔓延趋势。但是在生产上仍存在着“重虫害、轻病害”，或针对性差等问题。要推广种子包衣技术和药剂拌种技术，针对当地主要病虫种类，选用对路药剂，重点抓好散黑穗病、全蚀病、地下害虫等病虫防治。

（4）适期晚播控旺技术：在适宜播期范围内，适当推迟播

期，既可以实现冬前壮苗，又有利于减少冬前水分蒸腾，实现节水抗旱，减少冬前旺苗，增强抗寒能力。今年小麦早播的可能性大，必须杜绝提早播种现象。根据多年生产实践和气候变化情况，南部麦区播期应掌握在10月8—18日，中部麦区掌握在10月5—13日，北部麦区掌握在10月1—8日。要强调适时晚播，杜绝播种过早造成叶龄偏大，群体偏大，抗寒抗旱能力降低的现象发生。

（5）播期播量配套技术：播期播量相配套是实现冬前合理群体结构，争取最终理想亩穗数的关键。多年实践证明，播量充足合理的年份，群体穗数更有保证，实现增产的把握就更大。在适宜播期范围内，冀中南应掌握亩基本苗20万~25万，冀东和北部麦区掌握在25万~30万；超出适期范围后每晚播一天增加0.5千克播量，实现播期播量相配套。

（6）等行全密种植技术：等行全密种植技术可有效利用土地资源、光热资源，减轻缺苗断垄的影响，改善群个体结构，增加群体穗数，实现增产。大力推广种植形式为12~15厘米等行距全密种植形式；示范无垄匀播种植技术。各地应早谋划，早动手，调整播种机形式，配套播种机械，力争全密种植方式实现全覆盖。

（7）机械精细播种技术：机械精细播种是确保苗匀、苗齐、苗全的关键。要掌握播种速度，匀速慢行，时速4~5千米；要掌握合理播深，一般在3~5厘米。通过精细播种，减少缺苗断垄和“撮子苗”现象。

（8）秋季防治杂草技术：近年来，禾本科恶性杂草对小麦产量影响很大。农民群众只注重杂草春季防治，而忽视秋季防治，错过了禾本科杂草的最佳防治时期。要搞好宣传发动，在三叶期搞好禾本科杂草的防治工作。

（9）小麦安全越冬技术：越冬前一定要适时浇好封冻水，确保小麦安全越冬。若底墒充足、播后镇压、播后出现降雨、土壤墒情好的麦田，可不浇封冻水。如果秋季干旱，越冬前土壤墒情不足，也应浇好封冻水。沙薄地一般应浇好封冻水。

（10）分类促控管理技术：对于冬前有旺长趋势的麦田，在冬前可以采取机械化镇压或化控措施；对于底肥不足、苗子偏弱的可以结合浇水，补施适量化肥。

140. 小麦高产的五项关键措施是指哪些？

答：（1）提高整地质量：近几年，小麦受旱、受冻的经验表明，播种前耕翻后或旋耕后进行耙压，或小麦播种后经过镇压的麦田，麦苗生长相对正常，受旱、受冻偏轻；反之，旋耕后没有耙压，播种后也没有镇压，造成耕层土壤暄松，很快失墒，影响次生根喷发，冬季透风，根系受冷受旱，死苗较重。因此，耕后耙压和播种后镇压是保苗安全越冬的重要环节。

耕作整地的目的是使麦田达到耕层深厚，土壤中水、肥、气、热状况协调，土壤松紧适度，保水、保肥能力强，地面平整状况好，符合小麦播种要求，为全苗、壮苗及植株良好生长创造条件。总的原则是以耕翻（机耕）或少免耕（旋耕）为基础，耙、耱（耢）、压、起垄、开沟、作畦等作业相结合，正确掌握宜耕、宜耙等作业时机，减少耕作费用和能源消耗，做到合理耕作，保证作业质量。

一是耕翻。耕翻可掩埋有机肥料、粉碎的作物秸秆、杂草和病虫有机体，疏松耕层，松散土壤；降低土壤容重，增加孔隙度，改善通透性，促进好气性微生物活动和养分释放；提高土壤渗水、蓄水、保肥和供肥能力。连续多年种麦前只旋耕不耕翻的麦田，在旋耕的15厘米以下形成坚实的犁底层，影响根系下扎、降水和灌溉水的下渗，应旋耕3年，耕翻1年，破除犁底层。

二是少免耕。以传统铧式犁耕翻，虽具有掩埋秸秆和有机肥料、控制杂草和减轻病虫害等优点，但每年用这种传统的耕作工序复杂，耗费能源较大，在干旱年份还会因土壤失墒较严重而影响小麦产量。由于深耕效果可以维持多年，可以不必年年深耕。为此，对于播种前的土壤耕作可以2～3年深耕一次，

其他年份采用少免耕，包括旋耕、浅耕等。

三是耙耢、镇压。耙耢可破碎土垡，耙碎土块，疏松表土，平整地面，上松下实，减少蒸发，抗旱保墒；在机耕或旋耕后都应根据土壤墒情及时耙地。近年来，黄淮冬麦区和北部冬麦区旋耕面积较大，旋耕后的麦田表层土壤疏松，如果不耙耢以后再播种，会发生播种过深的现象，形成深播弱苗，严重影响小麦分蘖的发生，造成穗数不足；还会造成播种后很快失墒，影响次生根的喷发和下扎，造成冬季黄苗死苗。镇压有压实土壤、压碎土块、平整地面的作用，当耕层土壤过于疏松时，镇压可使耕层紧密，提高耕层土壤水分含量，使种子与土壤紧密接触，根系及时喷发与伸长，下扎到深层土壤中，一般深层土壤水分含量较高较稳定，即使上层土壤干旱，根系也能从深层土壤中吸收到水分，提高麦苗的抗旱能力，麦苗整齐健壮。因此，黄淮冬麦区和北部冬麦区小麦播种后应该及时镇压。

（2）选用良种：应根据本地区的气候、土壤、地力、种植制度、产量水平和病虫害情况等，选用最适宜的良种种植。一是根据本地区的气候条件，特别是气温条件选用冬性、半冬性或春性品种。近几年黄淮冬麦区生产中存在的问题是：有的地方半冬性品种种植的区域偏北，经常出现冬前发育过快，在冬季或早春遭受冻害的现象；北部冬麦区应选用冬性品种，有的地区选用了半冬性品种造成冬季冻害死苗，在生产中应予以重视。二是根据生产水平选用良种。在旱薄地应选用抗旱耐瘠品种；在土层较厚、肥力较高的旱肥地，应种植抗旱耐肥的品种；而在肥水条件良好的高产田，应选用丰产潜力大的耐肥、抗倒品种。三是根据不同耕作制度选用良种。四是根据当地自然灾害的特点选用良种。干热风重的地区应选用抗早衰、抗青干的品种，锈病感染较重的地区应选用抗（耐）锈病的品种，南方多雨，渍涝严重的地区宜选用抗（耐）赤霉病及种子休眠期长的品种。五是籽粒品质和商品性好。包括营养品质好，加工品质符合制成品的要求，籽粒饱满、容重高、销售价格高。六是选用良种要经过试验示范。既要根据生产条件的变化和产量的提高，不断更换新品种，也要防止不经过试验就大量引种调种及频繁更换良种；在种植当地主要推广良种的同时，要注意积极引进新品种进行试验、示范，并做好种子繁殖工作，以便确定接班品种，保持生产用种的高质量。

（3）适墒播种：小麦播种时耕层的适宜墒情为土壤相对含水量75%～80%。在适宜墒情的条件下播种，能保证一次全苗，使种子根和次生根及时长出，并下扎到深层土壤中，提高抗旱能力，所以小麦播种前墒情不足时要提前浇水造墒。

（4）适期播种：实践证明，冬小麦播种适期与气温关系密切，一般冬性品种播种适期为日平均气温16～18℃，半冬性品种为14～16℃，春性品种为12～14℃。培育冬前壮苗，一般要确保冬前有效积温达550～650℃。具体确定冬小麦播种适期时，还要考虑麦田的肥力水平、病虫害和安全越冬情况等。

（5）适量播种：确定合理的播量可以获得适宜的基本苗数，建立合理的群体结构，处理好群体与个体的矛盾，是协调小麦生长发育与环境条件关系的重要环节。掌握的原则：一是品种特性。主要指分蘖力、分蘖成穗率和适宜亩穗数；二是播种期早晚；三是土壤的肥力水平，分蘖力强、成穗率高的品种，播期较早和土壤肥力较高的条件下，基本苗宜稀，播种量宜少些。一般北部冬麦区适时播种的麦田亩基本苗控制在20万～25万，播种时，日均温低于16℃以后，每推迟一天播种，基本苗增加1万左右，但最多不宜超过35万。

141. 什么是小麦精量播种高产栽培技术？

答：小麦精播高产栽培是在高产地力条件下的栽培技术，精播技术的基本苗较少，为每亩15万～20万，群体动态比较合理，群体内的光照条件好，个体发育健壮，从而使穗足、穗大、粒重、抗倒、高产。精播高产栽培必须以较高的土壤肥力和良好的土、肥、水条件为基础。0～20厘米土壤养分含量应达到下列指标：有机质含量1.0%、全氮0.084%，碱解氮50毫克/千

克，速效磷 15 毫克/千克，速效钾 80 毫克/千克。分蘖成穗率高、单株生产力高、抗倒伏、株型较紧凑、光合能力强、落黄好、抗病、抗逆性好的品种，有利于精播高产栽培。通过施足底肥、提高整地质量、坚持足墒播种、适期适量播种来培育壮苗，并创建合理的群体结构，实现每亩基本苗 15 万 ~ 20 万，冬前总分蘖数 60 万 ~ 70 万，年后最高总茎数 70 万 ~ 80 万，成穗数 40 万 ~ 45 万，多穗型品种可达 50 万穗。在中等肥力水浇麦田，或高肥力麦田播种略晚，或播种技术条件和管理水平较差，或利用分蘖力较弱及分蘖成穗率较低的品种，应采用半精播高产栽培技术。半精播与精播技术的主要不同点是基本苗略多，为每亩 20 万 ~ 23 万。

142. 晚播麦应变高产栽培技术措施是什么？

答：晚播小麦高产栽培技术是在小麦播期推迟的情况下，实现小麦高产的栽培技术。其成因，一是由于前茬作物成熟、收获偏晚，腾不出茬口而延期播种，从而形成晚播小麦。二是由于墒情不足等雨播种或降雨过多不得不推迟播期。晚播小麦栽培技术要求：增施肥料，以肥补晚；选用良种，以种补晚；加大播量，以密补晚；提高整地播种质量，以好补晚；科学管理，促壮苗多成穗“四补一促”技术，从而实现小麦高产的栽培技术体系。适用于各冬麦区晚播麦田。

143. 夺取小麦高产的三种栽培技术体系各是什么？

答：即精少播量依靠分蘖成穗为主；常量播种靠主茎和分蘖成穗并重为主；超常量播种依靠主茎成穗为主。

144. 土壤因素如何影响小麦的高产？

答：土壤的厚度、肥沃程度、养分、干湿度等都会影响小麦的产量。小麦适合生长在深厚的活土层，通常耕作层为25厘米，土层厚度需在80厘米以上，且在100厘米以内无障碍层。如果土层不够深厚，将无法源源不断地供应小麦根系所需的水分和养分。种植小麦的土壤必须松紧适宜，如果土壤过松，温度便不稳定，持水性变差；如果土壤过紧，不仅不透水、不通气，影响养分的有效性和微生物活动，而且增大根系生长的阻力，根系无法伸展，从而无法取得小麦高产。

145. 气候因素会对小麦高产有什么影响？

答：小麦是喜光、喜凉、中水、长日型作物。如果初冬温度太高，小麦的生育期会明显缩短。如果小麦生长前期气温过高，小麦的有效分蘖期会变短，成穗率降低。如果小麦生长后期高温、高湿或寡照，会导致籽粒灌浆不充实以及诱发病虫害。如果阴雨天气较多，气温较低，土壤松软，日照时数变短，小麦茎秆生长较弱，再遇大风阴雨天气，便会造成小麦倒伏，影响小麦的产量。

146. 如何合理控制种植密度促进增产？

答：小麦的种植密度对于小麦的高产栽培技术来说也是一个要点。过大或者过小的种植密度对于小麦来说都不是最好的。种植密度过大会使得所有小麦都得不到应有的生物资源和自然资源，使得大部分小麦都不能正常生长，到头来会得到“事倍功半”的结局。如果种植密度过小，一方面对于农业资源是一大浪费，另一方面，虽然保障了玉米生长所需的营养元素，弥补了种植密度过大的缺点，但是相应的，会使得农民朋

友收不到预期的经济效益，长期以往，会使得玉米种植产业得不到发展，甚至会有相应的退步。同时，播种的控制在玉米的高产栽培技术里也是不能忽视的。合理的播种时间对于玉米的生长都有一定的促进作用。从新源市的实际情况来看，播种时间应该集中在10—11月，如当年的气候特殊或是其他情况，可以根据实际情况以及农业技术部门的指导适当的提前或延迟播种。

只有合理密植，才能高产，因为：①群体结构合理，光合效率高，干物质积累多；②分蘖的增产作用得到充分发挥；③成产三因素发展协调，经济系数较高；④减少倒伏损失。

147. 栽培措施怎样影响产量形成？

答：小麦产量是由每亩穗数、每穗粒数和平均粒重构成的，三者的乘积越高，产量越高。每亩穗数是由主茎穗和分蘖穗共同组成，每亩穗数要足够就必须掌握播种量使基本苗数量适宜而且分布均匀，每株小麦都得到充足的光照和营养，才能有适宜的分蘖成穗数。增加每穗粒数的途径是通过肥水调控措施促使植株营养状况良好，保证每个麦穗有较多的小花数的基础上，提高小花结实率。田间管理措施是要有促有控，使氮素营养和碳素营养协调，高地力、群体适宜的麦田要防止肥水施用过早过多，氮代谢过旺，碳代谢过弱；中低产田和群体不足的麦田要防止肥水不足、氮代谢过弱，造成早衰。小麦开花至成熟阶段是决定粒重时期。小麦的粒重有1/3是开花前贮存在茎和叶鞘中的光合产物，开花后转移到籽粒中的；2/3是开花后光合器官制造的。所以，保证小麦开花至成熟阶段有较长时间的光合高值持续期，延缓小麦早衰是提高小麦粒重的途径。

148. 中产田变高产田的增产途径是什么？

答：直接构成单位面积产量的单位面积穗数，每穗粒数和粒重三因素之间普遍存在负相关关系，要求这三因素同时增长的可能性很小。目前在生产上推广的品种多为多穗型品种，单位面积穗数的提高在由中低产变中高产中发挥了巨大的作用，但在中产变高产中再主攻穗数是行不通的。从当前新源县麦田群体大小和产量的关系分析，穗数一般已达40万/亩以上，有的甚至高达50万/亩以上，再提高单位面积穗数，个体生长发育受到削弱，突出表现为穗粒数严重下降，千粒重降低，甚至出现倒伏，最终使产量增加不明显或减产。因而处理好群体和个体之间的矛盾，在稳定证有足够穗数的基础上，控制群体发展，促进个体发育，是该阶段的主攻目标。建立合理群体结构，适期播种的条件下，适当降低播种量和基本苗，实行合理密植，争取大蘖成穗；在群体的发展过程中，控制无效分蘖，提高成穗率，群体通风透光，个体发育健壮，单株穗多、穗大、粒多、粒饱。

149. 小麦如何测产的?

答：每亩理论产量（千克）=每亩有效穗数（万）×平均每穗粒数×千粒数×1/100；①取样。一般地块取5点，一个点查1米双行，5个点里有一点是边行，5个点平均穗数=5点穗数之和/5。②测平均行距=畦宽/行数，从一个埂中间量到另一个埂中间，查里边的行数。③每亩有效穗数（万）=5点平均有效穗数/行距（0.033米）。④平均每穗粒数=50穗的总粒数/50，从每个样本的起端顺垄挨株取10个有效穗查粒数。⑤千粒重。一般按常年千粒重。也就是前几年千粒重的平均数。一般按40克计算。

150. 新源县当前主要的冬麦品种有哪些，它们的特征特性是什么?

答：本地种的冬小麦品种主要有伊农18、新冬41、伊农

20、新冬22、新冬29、新冬33，特征特性如下。

伊农18号：该品种属中晚熟冬性品种，株高100～115厘米全生育期260～270天。植株直立，株型紧凑，叶挺，分蘖力强，群体结构好，白粒，角质，千粒重38～45克，抗逆性强、抗条锈、叶锈、白粉病、较抗雪腐、雪霉病。

新冬41号：该品种全生育期272天，幼苗匍匐，越冬性好，早春返青早，拔节快，分蘖力中等。叶片深绿，有蜡粉，旗叶上举，株型紧凑，株高80.7厘米。高抗条锈病，中抗叶锈病，高抗白粉病。

伊农20号：该品种属于冬性中熟类型，叶色深绿，株高95厘米，生育期265～270天。属中秆分蘖力及成穗率中等。籽粒白色，粒卵圆形，角质透明，千粒重52～55克。主穗粒数平均40～45粒，白穗，白芒，长芒。高抗条锈，中抗叶锈和白粉病，耐旱，抗寒性及适应性强，茎秆粗，抗倒伏力强。

新冬22：该品种株高80～85厘米，茎秆壁厚而坚硬，抗倒伏能力强。生育期267天左右，分蘖成穗率高。籽粒白色，纺锤形，角质，千粒重50克左右。穗纺锤形，长芒，白壳。抗寒性、抗白粉病、条锈病。

新冬29号：该品种冬性，中晚熟种，生育期271天。幼苗直立，株型紧凑，叶挺，叶舌绿色，叶耳白色，叶片蜡质层较厚，株高95～105厘米。穗长方形，穗长10厘米左右，小穗排列紧密，每穗结实小穗17个左右，小穗粒数2.8～3.4粒，主穗粒数45粒左右，长芒。粒白色，椭圆，角质，腹沟较深，冠毛长度中等，千粒重40～48克，容重833克/升，属优质强筋小麦。耐雪腐雪霉，中抗白粉病，中抗锈病，抗干热风，适应性好。分蘖成穗率中等，在适播期内，亩播种量18千克，基本苗20万～30万株，收获穗数40万～45万穗，亩产可超过550千克。

新冬33：生育期274天，属中晚熟类型，株高74厘米，穗长9.0厘米，收获穗数498.6万穗/公顷，穗粒数39.4个，千粒重53克，穗粒重1.95克，小穗总数18.37个，籽粒白色、角质、饱满度好，容重高（一般为790克/升以上），口紧适中，不易落粒，穗大粒多，抗锈病能力强，轻感叶锈病、丛矮病，高抗白粉病、全蚀病，抗寒性强，生长势较好，耐肥抗倒，稳产性较好、适应性广，分蘖力中等，较耐盐碱，耐干热风。

第二篇 玉米

第一章　玉米生产基本知识

1. 玉米如何起源与发展的?

答：玉米是世界上三大作物之一，栽培面积仅次于小麦、水稻居第三位（小麦35亿亩，水稻22亿亩，玉米20亿亩）。玉米是高产作物，居禾谷类作物之首。玉米在国际市场上的出口总量和贸易额均居谷类作物之首，美国是世界上最大的玉米出口国，前苏联和日本是世界上主要进口国。我国玉米生产基本上是自给自足。玉米起源于美洲大陆，大约在16世纪中期，玉米最先从陆路，继而从海路引进中国。玉米最初在各地种植，仅作为珍奇的辅助食品，少量栽培在田园菜圃里。清初以后的200多年里，玉米迅速传播到全国很多地区并大面积种植，成为当地人们的重要粮食作物。也是优良的饲料和工业原料（起源于墨西哥）。目前全世界生产的玉米籽粒有70%～80%作为饲料、有10%～15%为人们食用，10%～15%作为发展工业的原料。

2. 世界贸易主要生产国和进出口国有哪些?

答：世界生产玉米最多的10个国家分别是美国、中国、巴西、墨西哥、阿根廷、印度、法国、印度尼西亚、意大利和加拿大，10个主产国的玉米总产约占世界总产量的80%。其中，美国和中国的玉米产量约占世界总产量的60%。

目前，全球玉米贸易量已超过9 000万吨。世界玉米出口主要集中在少数几个生产大国。美国是出口玉米最多的国家，出口量约占全球的65%；阿根廷、巴西出口量分别占16%和7%。

全球进口玉米的国家主要集中在亚洲、非洲和中美洲。进口玉米较多的国家包括日本、韩国、墨西哥、埃及以及印度尼西亚、马来西亚、菲律宾、中国台湾，东南亚国家和地区、日本进口量最大，约占全球玉米进口总量的20%，其次是韩国，约占10%；墨西哥、埃及等进口也比较多。

3. 为什么玉米市场收购价格经常变动？

答：玉米市场收购价格会受生产、需求、气候、经济周期等因素影响而经常变动。

（1）玉米供求：一般而言，玉米生产得多了价格就会下降，反之价格就上涨。影响玉米生产的最主要因素包括气候、技术和生产投入。美国、中国和南美这些生产大国玉米产量和供应量对国际市场的影响较大，同时，玉米深加工工业发展也影响玉米价格。

（2）相关商品价格变动：饲料小麦、饲料稻谷和豆粕与玉米有很强的替代关系，价格间相互关联。一般而言，这些产品价格变化会导致玉米价格朝相同方向变化。

（3）其他因素：包括生产资料价格、产业政策、进出口政策、储备政策、货币政策等宏观政策、宏观经济周期、政治局势以及一些突发事件都对玉米价格走势有影响。

4. 为什么国家要建立玉米市场信息体系？

答：在我国，大量分散的小农户生产经营规模都很小，而玉米作为一种市场需求对价格不太敏感的产品，容易出现“丰产不丰收”的现象，也就是说如果大家都增产了，市场供应量大，价格会下降比较多，农民收入反而会减少。所以，合理预期未来价格对于农民安排生产和投入，保证收入非常重要。我国农村经济已经基本实现市场化，玉米生产经营越来越受国内外市场制约，生产经营者和政府管理部门对信息的需求越来越

强烈。建立玉米市场信息系统，及时向农民提供国内外玉米期货价格、国内产区和销区现货价格，不仅能帮助农民做出理性的生产决策，而且为政府部门宏观监测和调控，为国家调整玉米生产、价格和贸易政策提供决策依据。

5. 为什么生物质能源如何影响玉米价格？

答：生物质能源是太阳能转化为化学能贮存在生物质中的能量，它直接或间接来自植物的光合作用产物，可以转化为常规的固态、液态和气态燃料以替代煤炭、石油和天然气等。我们熟悉的沼气、农作物秸秆、树木枝叶、燃料乙醇、生物柴油等都属于生物质能源范畴。对玉米价格影响比较大的是生物燃料乙醇和生物柴油。生物质能源发展通过以下几个渠道影响玉米价格：第一，如果直接用玉米做原料，则生物质能源的发展会大量增加对玉米的需求，使玉米价格上涨；第二，对于以大豆、木薯、油菜、棕榈等作物为原料的生物能源，会增加对这些作物的需求，而这些作物的扩张会减少用于玉米生产的资源，进而导致玉米产量下降和价格上涨。

6. 玉米对土壤环境有什么要求？

答：一般土壤均可种植玉米，但要想玉米丰产必须要具有良好的土壤条件。①熟化土层深厚（20~40 厘米），土壤结构良好。②疏松通气，土壤容重与玉米产量负相关，适宜容重为 1.0~1.2 克/立方厘米（沙壤土较好）。③耕层有机质和速效养分含量高，玉米需养分的 60%~80% 来自土壤，从肥料中吸收的只占 20%~40%，因此土壤肥沃，是高产的基础，一般 500 千克/亩以上的产量要求有机质 1%~2%，全 N 0.06%~0.1%，速效 N 40~70 毫克/千克，速效 P 20~30 毫克/千克，速效钾 100~150 毫克/千克。pH 值适宜范围为 5~8，6.5~7.0 最适。

7. 玉米各生育时期对水分有什么要求？

答：抽穗前后15天是玉米的水分临界期需水最多，在苗期是玉米一生中最抗旱的时期。玉米的需水规律：苗期需水较少，占一生的18%～19%；穗期需水较多，占一生的37%～38%；花粒期需水最多，占一生的43%～44%；抽雄、吐丝期需水强度最大。

8. 玉米各生育时期对温度有什么要求？

答：玉米是喜温作物（要求0℃以上积温1 800～2 800℃），整个生育期都需要较高的温度，但各生育期对温度的要求有所不同。①在5～10厘米深的土壤中，温度恒定在10～12℃时可以播种；温度在25～35℃时玉米种最适合发芽；温度在18～20℃时最适合苗期生长。玉米种子一般在6～7℃开始发芽，但易霉烂，10～12℃发芽较为适宜，25～35℃时发芽最快。②日均温度在18℃时开始拔节；在20～23℃时最适合拔节；温度在低于15℃时停止拔节。③日均温度在26～27℃时玉米开始开花，温度在高于38℃和低于18℃时会出现雌雄开花不协调，造成秃尖和缺粒。④灌浆期要求温度保持在20～24℃，若低于16℃时，籽粒灌浆速度极慢或停止。若超过25℃的连续高温，灌浆速度下降，出现“高温迫熟”现象，千粒重降低而减产。⑤土温在20～24℃时最适合根的生长，低于4.5℃或超过35℃要停止生长或生长缓慢。玉米从播种到开花的发育速度主要受温度的影响，其主要作用于茎秆的生长点来控制玉米的生长发育。玉米生长点在营养生长期有一大半时间处于土壤表面之下，在此期间，其生长速度决定于土温，拔节以后，生长点位于叶鞘筒管之中，气温影响其生长发育（在白天生长点温度低于气温5℃左右，夜间基本相同）。

9. 玉米的生育时期是如何划分的？

答：在玉米一生中，由于自身量变和质变的结果及环境变化的影响，不论外部形态特征还是内部生理特性，均发生不同的阶段性变化，这些阶段性变化称为生育时期，具体来说，分为 12 个时期。

（1）出苗期：幼苗出土高约 2 厘米的时期。

（2）三叶期：植株第三片叶露出叶心 2～3 厘米。

（3）拔节期：植株雄穗伸长，基部茎节总长度达 2～3 厘米，叶龄指数 30 左右。

（4）小喇叭口期：雌（♀）穗进入伸长期，雄（♂）穗进入小花分化期，叶龄指数 46 左右。

（5）大喇叭口期：♀小花分化期，♂四分体期，叶龄指数 60 左右，♂穗主轴中上部小穗长度达 0.8 厘米，棒三叶甩开呈喇叭口状。

（6）抽雄期：植株雄穗尖端露出顶叶 3～5 厘米。

（7）开花期：植株雄穗开始散粉。

（8）抽丝期：植株雌穗的花丝从苞叶中伸出 2 厘米左右。

（9）籽粒形成期：植株果穗中部籽粒体积基本建成，胚乳呈清浆状，亦称灌浆期。

（10）乳熟期：植株果穗中部籽粒干重迅速增加并基本建成，胚乳呈乳状后至糊状。

（11）蜡熟期：植株果穗中部籽粒干重接近最大值，胚乳呈蜡状，用指甲可以划破。

（12）完熟期：植株籽粒干硬，籽粒基部出现黑色层，乳线消失，并呈现出品种固有的颜色和色泽。

一般大田或试验田，50% 以上植株进入该生育时期为标志。

10. 玉米由哪些器官组成?

答：玉米植株由根、茎、叶营养器官和雌穗、雄穗生殖器官组成。营养器官的生长是生殖器官形成的基础，二者既有矛盾又相互促进，只有二者生长发育协调，才能获得高产。玉米是雌雄异花同株，靠风力传粉进行异花授粉作物，天然杂交率95%左右。

11. 玉米种子有哪些构成?

答：由种皮、胚和胚乳三部分组成。种皮主要起保护胚和胚乳免受不良环境影响，尤其在免受真菌侵害方面起重要作用。胚乳含有丰富的碳水化合物、蛋白质、脂肪和无机盐等，是种子萌发出苗的营养仓库，胚乳又分为角质胚乳和粉质胚乳两种，胚是下代的幼小生命体，由胚根、胚芽、胚轴和子叶组成，也是玉米种子最重要的部分。

12. 玉米根的分类及主要功能是什么?

答：玉米属须根系作物，其根分为胚根、次生根、支持根3种。玉米根系有固定植株、吸收水分和矿物营养的作用。

（1）胚根：又称初生根或种子根，是玉米种子发芽时从种胚处长出的一条幼根，垂直向下生长，可达20~40厘米。它包括1条主胚根和数条侧胚根，一般初生胚根1条，垂直入土，种子萌动后生出。次生胚根3~7条，胚根生出后2~3天生出（实际上为第一层节根）。在幼苗出土2~3周内起着输导养分和水分的作用。

（2）次生根：又称节根或不定根，从地下茎节上发生。玉米节根层数依品种、种植密度和水肥状况等条件而定，一般4~7层，根总条数50~60条，2~3片可见叶至大叶期形成，根先

向四周伸长，后向下垂直生长，深度可达2米以上，95%的根系集中在地表下40厘米土层内，是玉米一生吸收供应水分和养分的主体根系。

（3）支持根：又叫地上节根或气生根，是玉米拔节到抽雄期从近地表茎节上长出来的一些较粗壮的根。一般轮生2～3层，每层有根10条左右，多的可达20条以上。气生根入土可吸收水分和养分，并具有强大的固定、支撑防倒作用，也是玉米中后期吸收水分和养分的重要根系。根的生长和吸收持点表明：玉米根系主要分布在耕层40厘米内，根系活力最强的是在离植株10～20厘米处。在大田栽培中，只有确保根在整个生育期都生长良好，才能获得高产。因此，生产上苗期采取其主要管理措施有播前精细整地、深耕施肥；苗期早、勤中耕除草；中期培土与中耕等措施有利于促进根系发育，培育壮苗。追肥距植株10厘米为宜，施肥深度在10厘米以下有利于提高肥效。

13. 根系在土壤中是如何分布的？

答：主要分为垂直分布和水平分布。

（1）垂直分布：旱地玉米根系分布浅，停止生长早；水浇地则相反，因此后期浇水能延长根系活动时期，防止早衰。大口期的前根系最活跃的部位在10～20厘米，此后逐渐下移，到乳熟期移至20～40厘米，因此玉米要全层施肥，施肥深度在10厘米以下。

（2）水平分布：不管是前期还是后期，玉米根系活力最强的是在离植株10～20厘米处，因此追肥距植株10厘米为宜。

14. 玉米茎的生长特点是什么？

答：玉米茎由节和节间组成。茎上突起的环状部分叫节，节与节之间叫节间。每个节上着生1片叶，互生，叶数和节数一致。一般中熟品种有17～25节，生育期长的品种节数多，有的可达30多节。早熟品种节数少，有的只有10余节。一般5～8节位于地面以下，其余的节都在地面以上。近地表各节粗壮且短，以上逐渐伸长。玉米的全部茎节，在拔节前分化形成，拔节后地上部节间迅速伸长，至抽雄开花期，茎的高度一般不再增加。节间长短和茎粗除受品种影响外，还与肥水、密度以及气候条件等有关。一般气候冷凉，肥料充足，密度小，节短粗壮；气候温暖，雨水较多，密度大，氮肥过多，秆高，节长，茎细，易倒伏。生产上苗期适当蹲苗，可以达到茎基粗壮的效果；合理密植，加强肥水管理，培育壮秆是提高抗倒伏能力和高产的基础。玉米茎秆粗壮高大，除了担负水分和养分的运输外，还能支撑叶片，使之均匀分布，便于更好地进行光合作用，茎还是合成、贮藏养料的器官，后期可将部分养分转运到籽粒中去，所以茎秆生长的好坏与产量有密切的关系。

玉米茎节数目至拔节期已经形成，拔节后则主要是由居间分生组织增长，使节间不断伸长。各节间伸长的顺序是从下向上逐渐进行，每一个节间都经历一个慢、快、慢的伸长过程。至抽雄开花期，茎的高度一般不再增加。

15. 玉米茎的功能是什么？

答：玉米的茎具有支持、输导和贮藏3方面功能。玉米栽培上，氮、磷、钾合理搭配施肥能有效防止玉米茎秆倒伏，硅钙肥和钾肥具有提高玉米茎粗作用，在玉米吐丝至吐丝后30天施用硅钙肥和钾肥有利于抗倒伏。茎除了担负水分和养分的运输外，还能支撑叶片，使之均匀分布，便于更好地进行光合作用，茎还是贮藏养料的器官，后期可将部分养分转运到籽粒中去。茎具有向光性和负向地性，当植株倒伏时，它又能够弯曲向上生长，使植株重新站起来，减少损失。

16. 玉米叶片的构成是怎样的?

答：玉米叶由叶片、叶鞘和叶舌三部分组成。叶片由表皮、叶肉和维管束构成，是进行光合作用、制造有机物质、形成产量的场所，此外还具有蒸腾和吸收作用，即植株体内的水分不断通过叶片以气体的形态向外蒸腾，促进根系对矿质养分的吸收，调节叶片的温度与外界平衡。矿质元素以水溶液的状态通过叶片气孔的表皮细胞进入叶肉，使根外追肥的效率大大提高。玉米叶片表皮细胞中有一种运动细胞，其细胞壁较薄，液泡较大，能起到控制叶片表面水分蒸腾作用。在气候正常，大气湿度较大的时候，液泡吸水膨胀，叶片处于平展状态，干旱缺水时叶片体积缩小，并向上卷曲成筒状，缩小蒸腾面积，防止水分散失。因此，观察叶片的状态可衡量干旱程度，指导灌水。

17. 玉米叶片的功能主要是什么?

答：玉米叶片的功能主要是与外界进行气体交换，通过蒸腾作用散发水分而调节体温；气孔能自动开闭，进行正常呼吸和蒸腾。玉米植株上各叶位的叶面积大小不一，以果穗节位叶及上下两叶即“棒三叶”的光合产物，所以栽培营理上通过合理肥水扩大“棒三叶”的面积，有利于提高产量。在整个植株中，棒三叶（果穗叶和上下叶）叶片最长、最宽、叶面积最大，单叶干重最重。这有利于果穗干物质积累，所以在生产上要注意通过合理肥水管理适当扩大“棒三叶”面积。玉米叶片的最大功能就是进行光合作用，为植株的生长发育提供光合产物，因此生产上应该扩大叶面积，延长叶片功能期。

18. 玉米叶片可分为哪四组及各功能是什么?

答：①根叶组（1~6 片），主要供根系的生长和植株对水分、养分的吸收。②茎叶组（7～12片），主要供茎秆的生长和雌雄穗的分化。③穗叶组（11～16片），主要供应雌雄分化和籽粒的形成。④花叶组（16片及以后各叶），主要供雄穗的开花散粉。

19. 如何让玉米叶片发挥最大的光合作用？

答：要想让叶片发挥最大光合作用，必须保证：一是保证充足的氮素营养供应，但应注意不要因氮素过量而造成营养生长过旺、籽粒产量下降。二是保持土壤湿润，一般保持在田间最大持水量的60%～70%为宜。

20. 玉米雌雄穗的形态各有什么特点？

答：又称雄花序，属圆锥花序，着生在茎的顶端，又叫“天花”，由主轴、分枝、小穗和小花组成，中下部生有分枝，一般10～25个。分枝的多少、分枝长度与主轴的比例、角度，不同品种各不相同。主轴和分枝上着生着成对排列的小穗，一小穗有柄，位于上方；一小穗无柄，位于下方；每个小穗基部各生一对颖片，两颖片间生有两朵雄花，每朵雄花由内外穗和3枚雄蕊组成。

雌穗属肉穗状花序，受精结实后即为果穗，有的叫“棒子”。由茎秆中部的腋芽发育而成，着生于穗柄顶端。穗轴节很密，每节着生两个成对排列的无柄小穗，每小穗内有两朵小花，上位花结实，下位花退化，故果穗上的籽粒行数常呈偶数。每穗子粒行数一般12～18行，亦有8～30行的。每行籽粒数由15～20行。每穗粒数有200～800粒或更多些，通常为300～500粒。雌穗一般比雄穗抽出稍晚2～3天，整个花期需要5～7天，花丝在受精后停止伸长，2～3天变枯萎。位于基部的花丝最先抽出，然后下部、上部花丝依次抽出。在同一果穗上，各个小花着生的部位和花丝生长速率不同，花丝伸出苞叶的时间

可相差2～5天，顶部小花分化最晚，花丝最后抽出。玉米雌穗吐丝历时5～6天，吐丝最集中的时期为吐丝后的前3天。

21. 玉米雄穗开花有什么特点？

答：玉米雄穗一般在露出顶叶后2～5天开始开花。雄穗的开花顺序是从主轴中上部开始，然后向上和向下同时进行，各分枝上的小花开放顺序与主轴相同。开花的分枝顺序则是上中部的分枝先开放，然后向上和向下部的分枝开放。发育正常的雄穗可产生大量的花粉，每个雄小穗有2朵小花，每个雄穗有2 000～4 000朵小花，能产生1 500万～3 000万个花粉粒。雄穗开始开花后，一般第2～5天为盛花期，全穗开花完毕需7～10天，长的可达11～13天。

玉米雄穗的开花与温度、湿度有密切关系，一般以20～28℃时开花最多，当温度低于18℃或高于38℃时雄花不开放。在温湿度均适宜的条件下，玉米雄穗全天都有花朵开放，一般以上午7～9时开花最多，下午将逐渐减少，夜间更少。

22. 什么是玉米的授粉、受精？影响因素有哪些？

答：玉米花粉借助风力传到花丝上，这一过程叫作授粉。在温度为25～30℃，相对湿度为85%以上的情况下，玉米花粉落到花丝上10分钟后就开始发芽，30分钟左右大量发芽，花粉细胞的内壁通过外壁上的萌发孔向外突出并继续伸展，形成一个细长的花粉管，花粉管刺入花丝，花粉管在花丝内继续伸长，通过维管束鞘进入子房，经珠孔进入珠心，最后进入胚囊。花粉管进入胚囊的两个精子，一个与卵细胞结合成合子，以后发育成胚；一个与两个极核中的一个结合后，再与另一极核融合形成一个胚乳细胞核，以后发育成胚乳，完成双受精。一般情况下，玉米从授粉到受精需要18～24小时。

23. 玉米的籽粒是怎样发育形成的?

答：玉米雌穗受精后花丝凋萎，籽粒即形成。从受精到籽粒成熟一般历时40～55天。大致可分为以下4个时期。

（1）籽粒形成期：自受精至乳化期，10～20天，其特点是：胚分化基本完成，籽粒体积迅速增长；干物质积累较少，处于水分增长阶段；胚乳为清浆状。此期是决定粒数的主要时期，要求养分和水分充足。

（2）乳熟期：自乳熟至蜡熟初，15～20天，其特点是：胚已具备正常发芽能力，粒重迅速增长，是一生中干物质积累最快的时期；初显品种形状，胚乳含水量内80%降到50%，胚乳由乳状变为糊状；果穗长、粗定型。此期是决定粒重的关键时期，要求光照充足，水分和温度适宜的外界条件。

（3）蜡熟期：自蜡熟初至完熟，10～15天。其特点是：籽粒干重积累速度减慢，总干重接近最大值；籽粒接近品种形状，胚乳含水内50%降至40%，由糊状变为蜡状；果穗苞叶开始发黄。此期是基本定型的时期，要求适量供水，养根护叶，防止早衰。

（4）完熟期：自完熟至收获8～10天。其特点是：干物质积累停止，籽粒迅速脱水，由40%降至20%；籽粒变硬，表面呈现鲜明光泽，籽粒基部出现黑层，乳线消失；苞叶枯黄，粒重达最大值，是收获的适宜时期。要求适期收获，及时晾晒脱水，防止冻害。

24. 玉米分为哪几个生育阶段?

答：在玉米一生中，按形态特征、生育特点和生理特性，可分为3个不同的生育阶段，每个阶段又包括不同的生育时期。

（1）苗期阶段（播种—拔节）：约占全生育期的27%，此阶段生育天数变化较大，决定于品种和播期（温度），春播玉米

一般40天左右。

（2）穗期阶段（拔节—抽雄）：约占全生长期的27.5%，此阶段生育天数，品种间差异不大，早中熟品种27天，晚熟种30天，是相对稳定的时期。

（3）粒期阶段（抽雄—完熟）：此阶段生育天数，早、中、晚熟品种约30－40－50天，玉米生育期的长短决定于苗期→粒期→穗期。花粒期管理阶段约占全生长期的45.5%。

25. 玉米苗期有什么生长特点及管理措施？

答：玉米苗期是指播种至拔节的一段时间，是生根、分化茎叶为主的营养生长阶段，玉米展开6～7片期称玉米苗期，本阶段的生育特点是：根系生长较快，茎叶生长较慢。

这期间的管理要点是：促进根系发育，培育壮苗，争取苗全、苗壮、苗齐，这是夺取高产的基础。具体措施如下：①浇“蒙头水”。土壤墒情不足时播后浇“蒙头水”，以保证底墒充足、种子尽早萌发和一播全苗。②化学除草。未进行土壤封闭除草或封闭除草失败的田块，可在玉米出苗后至6叶前用48%丁草胺，莠去津或4%烟嘧磺隆等对水后进行苗后除草。不重喷、不漏喷，并注意用药安全。③防治病虫害。幼苗4～5叶期，用25%的三唑酮可湿性粉剂1 500倍液或50%多菌灵500～800倍液进行叶面喷雾，预防和防治褐斑病。防治黏虫可用灭幼脲和杀灭菊酯乳油等喷雾，防治蓟马可用10%吡虫啉喷雾。④遇涝及时排水。苗期如遇暴雨积水，应及时排水。及时疏通田间沟渠等排水系统，保证玉米生长期间排水畅通，突出做好暴雨后田间及时排水工作。

26. 玉米穗期阶段生育特点及主攻目标和措施是什么？

答：玉米穗期生育特点：茎节间迅速伸长、叶片增大，根系继续扩展，干物质积累增加，♀、♂穗分化形成，由单纯的营养生长转向营养、生殖生长并进时期。生长发育有两个转折点，即拔节期和大喇叭口期。

主攻目标是：促叶面积增大（特别是中上部叶）、茎秆粗壮墩实（促叶壮秆）；促穗多、穗大；营养生长如果生长过旺，要适当控制，以免倒伏和后期脱肥早衰。措施：①拔除小株。实行单粒播种省去间苗定苗环节，但是田间出现的小、弱、病株，要及时拔除，减少养分消耗和空秆。②追施穗肥。小喇叭口至大喇叭口期之间，是玉米施肥的关键时期，应抓紧追施攻穗肥。穗肥氮量应占氮肥总量50%左右，并追施磷钾肥。在距植株10厘米左右处开沟深施，深度10厘米左右。③防旱防涝。孕穗至灌浆期如遇旱应及时灌溉，尤其要防止“卡脖旱”。保证排水干道和田间排水系统畅通，雨后及时排除田间积水。在容易发生倒伏的地块，可采取中耕培土等措施，促进气生根发育，提高植株抗倒能力。④“一防双减”。在玉米大喇叭口期普遍用药一次防治玉米中后期多种病虫害，减少后期穗虫基数，减轻病害流行程度。在大喇叭口期喷施杀虫、杀菌复配或混合药剂，能够兼治兼防多种病虫，减轻后期危害，保护玉米植株正常生长，提高叶片的光合效能，实现玉米增产增效。⑤化控防倒。密度较大、生长过旺、倒伏风险较大的地块，在玉米7～11展叶期喷施化控药剂预防倒伏。密度合理、生长正常的田块不宜使用化控剂。

27. 玉米花粒期生育特点及主攻目标及措施是什么？

答：该阶段营养生长停止，而进入以生殖生长为中心的时期，是决定粒数和粒重的时期。主攻目标：保护叶片、提高光合强度，延长光合时间，促进粒多、粒重。花粒期田间管理的中心任务是为开花、授粉、结实创造有利条件，既要防早衰，又要防贪青晚熟。达到粒多、粒饱、高产的目的。

具体措施：①巧追“攻粒肥”。若土壤瘠薄，前穗期追肥不足，玉米长势弱，有脱肥现象，应追攻粒肥。但要掌握早施少施的原则，一般不晚于吐丝期，施肥量不越过总追肥量的10%左右。夏玉米和麦套玉米，期肥不足，穗期追肥量少时，应追攻粒肥，以防早衰。如果土壤肥沃，穗期追肥较多，玉米长势又好，无脱肥现象，则不必再施攻粒肥，以防贪青晚熟。②浇水与排水。玉米从抽雄到乳熟期仍需要大量水分。适宜的土壤水分能延长叶片功能期，防止早衰，促进籽粒形成与灌浆。开花灌浆期干旱时浇水，增产效果显著。玉米生育后期，根系生活力减弱，不耐涝，此期如果田间持水量长时间超过80%，会引起根系缺氧，导致早衰，降低粒重。因此，低洼易涝地块，或雨水过多年分，还应注意排涝。

28. 玉米雌穗花粒败育的原因是什么？

答：玉米雌穗花粒败育的原因主要有5个方面原因：①无机营养不足。一般田、低产田易出现（增肥）。②有机营养不良。高产田易出现（过密、光照条件差）。③水分不足。特别是在开花期缺水影响更大。④低温危害。开花灌浆低于18℃受阻（早播）。⑤授粉不良。未吐丝或吐丝未受精（人工辅助授粉）。

第二章　玉米用种知识

29. 购买玉米种子时应注意哪些问题？

答：(1) 要先看一下该种子经营部门是否有种子管理部门签发的“种子经营许可证”和工商行政部门核发的“营业执照”。

(2) 购买玉米种子时，一定要向售种者索要加盖公章的信誉卡和发票。一旦出现种子质量问题，发票和信誉卡就是索赔依据。

(3) 选择种子发芽率超过 85%，发芽势强的玉米种子。有些玉米种子发芽率虽已超过 85%，但发芽势弱，遇到特殊年份出苗不齐，就会给自己带来不必要的麻烦。

(4) 在专业技术人员指导下，根据当地的气候、地力、地势等选择合适的品种。只购买经过试验、示范和通过审定的品种。

(5) 在选购玉米种子时，一定要查看种子外包装和种子质量。检查是否是原包装，是否有内标签，标签内容是否明确、安全等。种子应装在透气良好的包装袋里，不要装在有塑料膜的包装袋中，以保证种子的正常呼吸和良好的发芽率。

30. 如何区别玉米新种子和陈种子？

答：形态区别：陈种子经过长时间的贮存干燥，自身呼吸消耗养分，往往颜色较暗，胚部较硬。如贮藏不当，陈种子会被米象等为害，其胚部有细圆孔等。将手伸进种子袋里面再抽

出时，手上粘有粉末。

生理区别：陈种子生命力弱、发芽势低，田间拱土能力差，种子在土中发芽但扭曲，无法露出地面。

包衣种子鉴别：包衣种子很难鉴别，尤其是贮藏在低温冷库中的种子更难以鉴别。陈种子贮藏时间长，会造成色素分解，导致颜色变浅变暗，同时发芽率明显降低，尤其是发芽势降低较大。

31. 如何从包装标签方面识别真伪玉米杂交种？

答：种子标签应标注作物种类、种子类别、品种名称、产地、种子经营许可证编号、质量标准、检疫证明编号、净含量、生产年月、生产商名称、生产商地址以及联系方式。

32. 品种混杂退化的原因是什么？

答：主要是：①机械混杂；②生物学混杂；③品种本身性状分离；④自然突变；⑤不正确的选择。

33. 种二代种子为什么会减产？

答：杂种优势是指两个关系性状不同的亲本杂交产生的杂交种，其生长势、生活力、繁殖力、适应性以及产量、品质等性状超过其双亲的现象。现代玉米生产利用杂种一代的杂种优势得高产和抗逆性。与杂种优势相反的过程是所谓的近交衰退现象。由于近交衰退，杂种二代与一代相比较，生长势、生活力、抗逆性和产量等都显著下降。通常，杂种二代的产量比一代减产 50% 以上。

34. 什么是转基因品种？

答：转基因品种是指由转基因技术培育的玉米新品种。转基因育种是按照预先设计的蓝图，借助于实验室的操作技术，将某种生物的特定基因转移到另一种生物中去，使后者定向地获得新的遗传性状。转基因品种在批准使用之前，还要通过国家对转基因品种的安全性评价。我国至今还没有批准转基因玉米用于农业生产。

35. 什么是平展型玉米和紧凑型玉米？

答：平展型玉米品种的叶片面积宽大，下垂，遮阳面积大；而紧凑型玉米，除保持杂交优势外，叶片上冲，植株挺拔，个矮，是种植上比较理想的株型。

36. 紧凑型玉米有什么特点？

答：①通风逢光性好。由于叶片上冲，使得玉米在较高密度种植下，仍具有良好的透光性，表现在生长期无明显的早衰和黄叶现象，绿色叶片功能期长，亩株数可比平展型玉米多1 000～1 500株，有利高产。②根系吸收能力强，光合强度高。据测定，根系吸收强度比平展型玉米高1倍以上，40厘米左右土壤养分吸收力比平展型玉米高276倍，花期对二氧化碳同化强度比平展型玉米50上，具有灌浆快，千粒重高的特点。③适宜密植。在5 500～6 000株/亩密度范围内，随密度增加，平展型玉米单株生产力下降比紧凑型快22倍，紧凑型玉米的空秆率明显低于平展型玉米。因适宜密植可增加亩穗数，提高叶面积系数，为高产创造了条件。④紧凑型玉米抗倒伏能力强，株高及穗位高，平均比平展型玉米低15～75厘米和10～24厘米。据测定，在每亩5 500～6 500株密度下，灌浆期遇八九级风力，

基本无折倒现象。⑤经济系数高。经济系数，紧凑型比平展型玉米高 0.05～0.10，可获得较高的有效生产率。

37. 哪些地块适合种植紧凑型玉米？

答：紧凑型玉米有能“吃”，能“喝”能高产的特点，对水、肥、土要求严格，要求土层厚，熟化程度高，肥沃，有灌溉条件的中等以上地力水平。不满足上述条件的地块，不可盲目引种，否则增产不大，甚至减产。

38. 为什么目前玉米品种多、乱、杂的现象比较严重？对生产有何影响？

答：玉米品种多、乱、杂的现象有以下几个主要原因：一是种子公司多。二是审定品种多。新品种意味着丰厚的利润，各个公司为多盈利想尽一切办法使自己的品种通过审定。这样审定的品种越来越多，而质量却很难保证。三是相似品种多。有些育种者和公司对育种亲本没有进行太多的改良，使得改良杂交种和原有品种的农艺性状基本相似，农民很难区分它们。

玉米品种“多、乱、杂”，就是不根据当地生态条件和生产水平，盲目乱引玉米品种，在一个地区或生产单位种植的品种过多、管理混乱和品种混杂。玉米品种“多、乱、杂”不利于玉米生产发展。其一，不利于良种良法配套使用。品种多，农户难以充分了解每个品种的特性，不利于有针对性地运用良法，充分发挥良种的优点，减轻或补救良种的缺点，也就不可能取得最大的经济效益。其二，给假、冒、伪、劣种子的泛滥开了方便之门，“多、乱、杂”使一些所谓“新品种”“超级品种”乘机而入，遗害无穷。其三，降低优良品种使用年限。种植品种“多、乱、杂”，甚至一块地里种几个品种，很容易因机械混杂、自然杂交等原因造成玉米品种混杂退化，生活力下降。其四，不利于增产增收。玉米田间出现“几层楼”现象，不但造成玉米减产，也降低了玉米的商品价值。

39. 玉米杂交种优势主要表现在哪几个方面?

答：玉米杂交种的优势表现：①穗大粒饱，增产显著。②植株健壮，适应性广，抗逆性强。③根系发达，发育较早，抽丝较早，落浆时间长，早熟高产。

40. 常用玉米种子的处理方法有哪些?

答：种子处理是玉米播种前必须进行的环节，一般玉米种子处理常见方法主要有4种。

（1）晒种：晒种能促进种子后熟，降低含水量，增强种子生活力，提高发芽率，并能提早出苗，出苗整齐，还有预防玉米丝黑穗病的作用。晒种要选择晴天上午进行并连续晒2～3天，要注意翻动，使种子晒均匀。

（2）浸种：浸种可促进种子萌动提高发芽率，增强发芽势，发芽快，出苗齐。可用冷水浸种12～24小时，采用温烫浸种以两开对一凉的温水（55～60℃），浸种6～12小时；或用腐熟人粪尿25千克对水25千克，浸种6小时，可增加氮素营养，促进酶的活动，以肥育种子，提早促苗。将种子捞出凉干后播种，切不可堆成大堆或太阳晒，以免变质影响出苗，在土壤干旱时不可浸种。

（3）药剂拌种：为了防止病害，在浸种后晾干，再用种子量0.5%的硫酸铜拌种，可减轻玉米黑粉病的发生；还可用20%的萎锈灵拌种，用药量是种子量的1%，可以防治玉米丝黑穗病。对防治地下害虫可用50%辛硫磷乳油拌种，药、水、种子的配比为1：（40～50）：（500～600）。

（4）种衣剂包衣：种衣剂是由杀虫剂、杀菌剂、微量元素、植物生长调节剂、缓释剂和成膜剂等加工制成的药肥复合型产品，用种衣剂包衣，既能防治病虫，又可促进玉米生长发育，

具有提高产量和改进品质的功效。包衣用量每1千克种子需有效成分4克。1千克种衣剂可包衣种子50千克，药量为种子量的2%。

种衣剂包衣是目前玉米生产上最普遍推广的种子处理技术，近年来，已经针对不同地区病虫害发生特点，研究出多种专用种衣剂，极大地减轻了病虫危害造成的损失。

第三章　玉米播种技术

41. 怎样根据千粒重计算玉米播种量？

答：根据种子大小、发芽率高低、种植规格而定，亩播种量约2千克，计算公式为：亩播种量（千克）=［亩穴数×每穴粒数×千粒重（克）］÷(1 000×1 000×发芽率)

42. 春玉米播种要考虑哪些因素？

答：主要考虑3方面因素：①土壤表层5~10厘米深地温稳定在10~12℃播种；②土壤含水量在15%以上；③晚熟品种应适时早播。

43. 玉米种子萌发对环境条件有什么要求？

答：玉米种子萌发需要吸收占自身干重的50%的水分，才能膨胀发芽。土壤过于干旱即使能够发芽，也因顶土能力弱而不能出苗。玉米种子萌发需要的基本条件是：健全的种子，以及适宜的温度、水分和氧气，还包括的适宜的土壤结构环境。在大田条件下，一般低温6~8℃时玉米种子可以萌发，但很缓慢，只有日平均温度达到12℃时才适合玉米种子萌动发芽。在新源县一般在4月上中旬，土壤温度稳定通过8~10℃时播种，才能达到显苗快、出苗齐、苗全、苗壮的效果。

44. 玉米播种的五项关键技术是什么?

答：(1) 做好种子处理：选择包衣种子或做好拌种工作，以保证出苗质量，预防苗期病虫害。未包衣的种子播种前要用杀虫剂、杀菌剂拌种。拌种要先拌杀虫剂，等晾干后再拌杀菌剂，现拌现用。

(2) 提高播种质量：贴茬机械化播种的地块，在收麦时要选用有秸秆粉碎和切抛装置的收割机进行作业，麦秸成堆的地块，要在播前将麦秸均匀散开或清除，播种机作业要控制速度，切忌高挡快跑，以防玉米出苗扎堆或缺苗断垄。套种地块要推广半机械播种技术，以避免人工点播密度难以保证、播深不一致的问题。提倡精量播种，精量播种要选择经过加工处理的适宜精播的种子。

(3) 合理密植：适当提高密度。合理密植原则是：土壤肥力高宜密，土壤肥力低宜稀；早播宜稀，晚播宜密；晚熟大穗型品种宜稀，中早熟品种宜密。一般大穗型稀植品种播种密度可掌握在4 000～4 500株/亩，在肥料充足的前提下，可达到5 000株/亩；大穗型密植品种播种密度掌握在4 500～5 000株/亩，保证肥料投入的前提下可增加到5 000～5 500株/亩，甚至达到6 000株/亩以上。为避免机械损伤和病虫害伤苗造成的密度不足，可在适宜密度基础上增加5%～10%的播种量。

(4) 做好种肥施用：按照亩用4～6千克纯氮、3～5千克五氧化二磷、3～5千克氧化钾并配施硫酸锌1千克左右做种肥施用。施肥时注意肥料与种子分开施用，以防烧苗。

(5) 及时防治病虫草害：首先要做好化学除草工作，可在玉米出苗后3～5叶期喷洒烟嘧·莠去津悬浮剂，或用烟嘧磺隆悬浮剂加莠去津喷施防治。特别注意喷施含烟嘧磺隆的除草剂时，严禁加入有机磷杀虫剂混喷，喷药前后一星期不能使用有机磷农药，以免出现药害。

45. 玉米等行距栽培是多少？有什么特点？

答：等行距种植一般45～50厘米，株距随密度而定。其特点是植株抽雄前，叶片、根系分布均匀，能充分利用养分和阳光；播种、定苗、中耕、除草和施肥技术等都便于田间操作。但在肥水足密度大时，在生育后期行间郁蔽、光照条件差，群体个体矛盾尖锐，影响产量提高。在生产上要因地制宜采用不同种植方式。研究表明，在种植密度相同的条件下，不同种植方式对产量影响不大。在密度增大时，配合适当的种植方式，更能发挥密植的增产作用。

46. 什么是玉米宽窄行种植技术？种植技术特点是什么？

答：玉米宽窄行种植技术，把现行耕法的等行距种植，改成宽行90厘米，窄行40厘米种植，玉米拔节前在90厘米宽行结合追肥进行深松，秋收时苗带窄行留高茬（40厘米左右）。秋收后用条带旋耕机对宽行进行旋耕，达到播种状态，窄行（苗带）留高茬自然腐烂还田。翌年春季，在旋耕过的宽行播种，形成新的窄行苗带，追肥期，再在新的宽行中耕深松追肥，即完成了隔年深松、苗带轮换、交替休闲的宽窄行耕种。

玉米宽窄行种植技术特点：①通风好、透光性高，边际效应明显。②苗带平作轮换休闲与根茬还田相结合，既能防止风包地和雨水侵蚀，又能有效地保护土壤的有机质。③田间管理由传统的三铲三趟一次追肥为一次深松追肥，减少了作业环节和减少作业面积，降低作业成本30%以上既省工省时又节生产成本。④蓄水能力增加、保墒能力增强。比常规栽培土壤含水量提高1.8～3.2个百分点。⑤可适当增加密度，实现以密增产。

第四章　玉米肥水管理技术

47. 玉米生长的营养需求特点是什么？

答：玉米在生长发育过程中，需要的营养元素很多，其中，N、K、P、S、Ca、Mg 六种元素，需要量最多，称之为大量元素，Fe、Mn、Cu、Zn、B、Mo 等元素，需要量很少，称之为微量元素。

（1）玉米各生育时期对 N、P、K 的吸收规律：①N、P、K 累积吸收量总趋势。拔节期占 1%～4%，小口期占 5%～8%，大口期 30%～35%，抽雄期 50%～60%，灌浆期 62%，蜡熟期 100%。因此大口期吸收进入盛期是施肥的关键时期；抽雄以后吸收量还要占总量的 40%～50%，后期仍要重视施肥，防止脱肥早衰。②吸收强度。N、P 都是大口 > 抽雄 > 蜡熟，K 的吸收强度是抽雄 > 大口 > 灌浆；玉米吸收高峰：第一高峰，小口—抽雄，以大口为中心；第二高峰，灌浆—蜡熟，以乳熟为中心。因此穗肥应在大口期施，粒肥应在乳熟前施。

（2）玉米吸收 N、P、K 的数量与比例：玉米对 N、P、K 的吸收量，随产量的提高而增多，一般情况下，一生中吸收的养分以 N 最多，钾次之，磷较少。玉米每生产 100 千克籽粒，吸收 N、P、K 数量和比例，可作为计划产量推算需肥量的依据。目前生产上增施 N、P 肥增产效果显著，中低产田一般不需要钾肥，对高产田及缺钾地块补充钾肥增产效果明显。因此，玉米籽粒中 N、P、K 的积累量，约有 60% 是由前期器官积累转移进来的，约有 40% 是后期根系吸收提供的，这更进一步说明，高产玉米后期必须保证养分的充分供给。

48. 玉米的施肥技术有哪些？

答：追肥时期、次数和数量，要根据玉米吸肥规律、产量水平、地力基础、施肥数量、基肥和种肥施用情况来考虑决定。玉米一般基肥亩施有机肥1 000 ~2 000千克，种肥一般亩施尿素23 千克，在追肥上玉米应分期施用，常分为苗肥、穗肥和粒肥。苗肥：定苗后至拔节期追施的肥，有促根、壮苗和促叶壮秆的作用，为穗多、穗大打好基础。地肥、苗壮、少施、晚施；穗肥：小口至抽雄前所追的肥（以大口期为中心），是促进穗大粒多的关键肥；粒肥：抽雄以后追施的肥料（一般在抽雄至开花期施用），可促粒多、粒重。是春玉米半产的重要环节。农民总结出“头遍追肥一尺高（拔节），二遍追肥正齐腰（大口），三遍追肥出毛毛（抽雄）”。“三看”（看天、地、苗），“三攻”（攻秆、穗、粒）。此外在肥量不足时，要一次追下（小口—大口期，瞻前顾后），套种玉米要重施苗肥。播期晚的要早施肥、重视苗肥。

49. 简述玉米对氮素的吸收规律，如果缺氮会对玉米生长发育产生哪些不良影响？

答：玉米吸收氮素的规律是：苗期少，拔节到灌浆后期多，尤其拔节至抽雄期最多，所以强调拔节至抽雄期追肥。缺氮会使玉米植株生长瘦弱，叶色黄绿，下部叶片从叶尖开始变黄，沿中脉伸展扩大，最后整叶变黄干枯。

50. 玉米生育吸收磷素较少，如果缺磷会对玉米生长发育产生哪些不良影响？

答：如果缺磷，玉米幼苗根系发育不良，植株生长缓慢，叶色紫红，雌穗受精不良，籽粒发育不好，成熟期推迟。

51. 钾素对玉米有哪些作用，如果缺钾会对玉米生长发育产生哪些不良影响？

答：钾素是玉米生育所需的重要元素，它可以促进碳水化合物的合成和运转，提高抗倒伏能力，使雌穗发育良好。如果缺钾，玉米苗生长缓慢，叶片发黄，籽粒秕瘦，茎秆细弱，容易倒伏。

52. 针对玉米缺锌症状怎样施好锌肥？

答：玉米缺锌的症状是叶片失绿，簇生，小叶，节间缩短，植株矮小，生长受到抑制。玉米苗期缺锌，新叶的中下部黄白化形成白苗，又称花白苗；拔节后缺锌，叶片下半部出现黄白条斑，呈半透明，似白绸或塑膜状，风吹易撕裂，称为花叶条纹病或白条干枯病。同时也表现植株矮缩，果穗小，缺粒秃尖。

判断玉米是否缺锌的主要依据是：土壤有效锌（DTPA-Zn）含量小于0.5毫克/千克（缺锌临界值）。当土壤有效锌含量低于临界值时，可通过基肥施硫酸锌1～2千克/亩，或叶面喷施浓度为0.1%～0.2%硫酸锌溶液30～60千克/亩。苗期、拔节期、大喇叭口期、抽穗期均可喷施，但以苗期和拔节期喷施效果较好。

53. 如何科学施肥才能达到高产高效？

答：①播种时，把种肥施在种子一侧5厘米，亩施磷酸二铵7.5千克+硫酸钾肥2.5千克。②补施“断奶”肥。对于播种时没来得及施种肥的，于播种后20天内亩施磷酸二铵7.5千克+尿素5千克+钾肥5千克；施入离苗行8～10厘米，深度8厘米以下并埋严。③大喇叭口期（播种后40～45天，株高1～1.2米），亩施尿素30千克+钾肥5千克。④提倡科学使用质量过关的“缓控释肥”，可提高肥料利用率、减少施肥次数和用工、高产高效。

54. 春玉米施肥五字经包括哪些内容？

答：包括：“广”即广施有机肥春玉米是高产作物，其产量的高低与土壤肥力水平密切相关，在春玉米高产高效施肥措施中，首先是要广泛施用有机肥料，提高土壤肥力，一般每亩有机肥投入量应不低于2 000千克。“稳”即稳施氮肥春玉米要施好底肥，调控追肥用量。同时，合理调整施用时期和方法，提高氮肥利用效果。“控”即控施磷肥当前，磷肥的效用已得到人们的普遍认可，但施用磷肥要根据土壤有效磷含量合理确定和控制用量。春玉米磷肥一般作基肥施用。“增”即增施钾肥随着土壤速效钾逐年下降，缺钾面积不断扩大，为满足玉米生长对钾素的需求，必须全面增施钾肥。“补”即补施微肥因玉米品种改良、耕作制度改革及施肥结构变化，使得土壤中微量元素缺乏症状越来越明显，尤其是玉米缺锌症状已大面积出现。补施玉米锌肥，可在玉米浸种、包衣等方面配施，也可在玉米播种或苗期追肥时普遍施用1～2千克的硫酸锌，还可在玉米专用肥中或玉米苗期叶面喷施。

55. 施肥越多产量就越高吗？

答：在一定范围内，玉米产量随施肥量的增加而增加；当施肥量到达一定水平后，继续增加施肥量不仅不能在增产，甚至造成产量下降。所以不是施肥越多，玉米产量就越高。生产中经常有过量施肥、特别是过量施用氮肥的现象，容易带来以下问题：①作物抗性下降，易发生病虫害和倒伏；②产量不增反降，施肥经济效益下降；③养分大量损失，造成大气和水体污染等环境问题。

56. 为什么玉米一次性施肥不能解决全生育期不脱肥的问题？

答：春玉米的生育期在120天以上，苗期温度较低时，生长慢，主要是扎根和长叶，需要的养分量少，需肥高峰来得比较晚。从拔节至抽穗期进入营养生长和生殖生长阶段，需要的养分量最多，大约50%的氮素在此阶段吸收，如果养分供应不上会影响果穗大小。所以，一次性施肥，养分释放速度与玉米需肥规律不同步，造成玉米生长后期养分供应不上，会发生玉米秆黄脚和脱肥现象。

57. 为什么氮肥作追肥要深施？

答：当前最常见的氮肥是碳酸氢铵和尿素。这些肥料施入土壤后，产生的铵离子容易以氨气（NH_3）的形式挥发，一方面造成氮肥损失，另一方面如果氨气浓度高，玉米会出现叶肉组织坏死，叶脉间出现褐色斑点的氨气毒害现象，影响产量。因此，氮肥应尽量深施，深度以接近10厘米为宜。

58. 怎样更好地使用缓控释肥？

答：使用缓控释肥的原则是肥料的养分释放规律要与作物的养分需求规律同步。释放期太长，玉米生长前期氮素供应不足，发苗差，影响后期生长和产量形成；释放期太短，氮素在生育期前期释放量大，容易出现烧苗现象和加剧氮肥损失，而中后期氮素供应不足，最终影响产量。缓控释肥含缓控释肥的复合肥一般作为基肥施用。缓控释肥或含缓控释肥的复合肥的价格比普通肥料价格偏高，所以在使用这些肥料时要考虑到施肥的经济效益。

59. 玉米施用高氮复合肥应注意哪些问题？

答：目前市场上有各种类型的高氮复合肥，其共同特点是氮含量高，适合一次性施用或作为玉米的追肥。但需要注意的问题是，高氮复合肥一般是铵基或尿基复合肥，在生产过程中容易形成缩二脲，如果一次施肥过多，极易造成烧苗，所以，施用高氮复合肥要避免出现烧苗现象。高氮复合肥作基肥施用时要与种子隔开3～5厘米；作追肥施用时最好是苗期或拔节期在玉米行间开沟深施覆土。有条件的，建议每次施肥时，在根部同步冲施优质的有机冲施肥，如根施保或康宝冲施肥，以活化土壤（尤其是已出现板结症状的地块），促进根系向纵深发展，为叶片输送更优质的养分，壮旺长势，丰产稳产的效果非常显著。

60. 随种侧施种肥，有什么好处？

答：随种侧施低含氮量（15%以下）、非氯基、非硝基的复合肥做种肥，能起到“断奶肥”的作用，使玉米苗生长健壮。但必须种肥隔开5厘米以上、每亩不过10千克。

61. 玉米连种应注意哪些问题？

答：以目前的生产技术，玉米连作对生产的影响很小，可以进行连作生产。但在生产中要注意防治丝黑穗病，可采取种子包衣技术进行防治。此外，由于多年种植玉米，可能会造成土壤中锌元素缺乏，为此，在生产中可适当添加锌肥，个别地块视需要添加锰肥。氮磷钾肥用量按照生产技术要求及地力情况正常施用即可。

62. 玉米的需水规律是怎样的？

答：玉米是需水较多的作物，除苗期应适当控水进行蹲苗外，自拔节到成熟都不得缺水。玉米一生耗水总量，春玉米每亩170～400立方米，夏玉米124～296立方米。每生产1克干物质所消耗水的克数—蒸腾系数，一般在240～368，每生产1千克籽粒耗水600千克左右。

苗期需水较少，适当干旱（蹲苗）有增产作用，一般不需浇水；穗期需水较多，但干旱减产不明显，因为其生殖器官保水能力较强，如干旱靠近抽雄期则减产明显，特别是“卡脖旱”。抽雄—灌浆需水达一生高峰，缺水减产最多（“开花不灌，减产一半”）。灌浆—成熟期、需水逐渐减少，缺水减产的原因是减少了穗粒重，因此后期不应过早停水。玉米需水临界期，抽雄前10天—抽雄后20天（大口—灌浆）。

63. 如何做到对玉米的合理灌溉？

答：玉米生长季正值雨季，在降水多且均匀的地区有时不需灌水，但多数情况下降雨少且分布不均，仍需灌水。

（1）播种期灌水：足墒下种，是保证苗全、苗壮的重要措施之一。春玉米冬灌贮水，夏玉米浇麦黄水或播后浇蒙头水。

（2）苗期灌水：一般不浇水。但对麦田套种玉米，由于苗弱，若遇旱必须及时浇水。

（3）拔节孕穗期灌水：浇水可缩短♀♂花出现间隔，利于授粉，减少小花退化，提高结实率。

（4）抽雄开花期灌水：应浇大水，浇透水，以有利受精、增加穗粒数。一般增产11%～29%。

（5）成熟期灌水：从籽粒形成到乳熟末期仍是玉米需水的重要时期，这个时期干旱对产量的影响，仅次于抽雄期。浇水千粒重增加18.3～36.7克，增产3%～25%。

64. 如何实现玉米的高产高效节水灌溉？

答：改变传统的玉米灌水方法——地面灌溉。20世纪80年代后期，推广了一些新的灌水方法，如喷灌和滴灌，喷灌技术具有输水效率高、地形适应性强和改善田间小气候的特点，且能够和喷药、除草等农业技术措施相配合，节水、增产效果良好。对水资源不足、透水性强的地区尤为适用。滴灌是利用滴头或其他微水器将水源直接输送到作物根系，灌水均匀度高，且能够和施肥、施药相结合，是目前节水效率最高的灌溉技术；还有膜上灌是由地膜输水，并通过放苗孔入渗到玉米根系。由于地膜水流阻力小，灌水速度快，深层渗漏少。而且地膜能减少棵间蒸发，节水效果显著。

65. 为什么强调墒情不足时要播种后2天内浇“蒙头水”，为什么一定要浇“跑马水”，不要浇大水？

答：浇“蒙头水”太晚，容易造成出苗早晚不一，形成大小苗，甚至出现“回芽”现象。玉米要出苗，必须满足温度、水分、空气三个条件，浇大水势必造成土壤空气不足，种子缺乏空气的结果是“粉种”和“烂种”，因此，浇“蒙头水”一定不要过大，打短畦、浇“跑马水”即可。

66. 玉米高产栽培中，为什么提倡抽雄前10天左右追肥浇水？

答：这段时期是玉米雌、雄穗的小穗小花分化期，也是营养生长和生殖生长并进旺盛期，是玉米一生需肥水最多的关键期。因此，这时追肥浇水可促进穗分化，协调营养生长和生殖生长，争取穗大、粒多、达、到高产。

67. 天气干旱对玉米生长有怎样的影响？

答：干旱严重影响玉米对土壤肥料的有效吸收，阻碍玉米体内养分的合成，转移。导致玉米延长生育期，并吸引害虫等，造成不同程度减产。春播玉米在7月正值抽雄前后，若干旱出现在抽雄前15天左右，干旱会引起不抽穗或小穗小花数目减少，同时造成“卡脖旱”，延期抽雄及授粉、降低结实率而影响产量，干旱发生在抽雄开花前后，由于此时玉米新陈代谢最为旺盛，对水分要求达到最高峰，干旱会缩短花粉寿命，推迟雌雄抽出的时间，授粉不好，导致严重减产，绝收。

68. 为什么强调大喇叭期到抽雄期间遇旱一定要浇水？

答：因为这一阶段玉米日生长速度最快，需水迫切，对水敏感，遇旱（俗称“卡脖旱”）则降低穗粒数，减产严重。

69. 为什么玉米抽雄开花期遇高温、干旱会减产？

答：玉米在生长发育过程中。最忌渍水，又怕干旱，但各生育期需水量不同，苗期需水，占总水量17%，拔节至抽雄需水量最多占45%，蜡熟期占5%。所以抽雄开花期遇高温，干旱缺水，易造成“卡脖旱”影响雌穗发育，花期不协调，授粉不良，秃顶缺粒严重，籽粒不饱满、品质差、产量低，甚至空苞失收。

第五章　玉米田间管理疑难解析

70. 如何查苗补苗？

答：对缺苗严重的地块，要进行查苗补种，在玉米刚出苗时，将种子浸泡 8 ~ 12 个小时，涝出晾干后，抢时间补种；移栽：结合玉米 3 ~ 4 片可见叶间苗时带土挖苗移栽。移栽以早为好，移栽苗应比原地苗多 1 ~ 2 片可见叶为宜。不论补种或移栽，均要水分充足，带少量氮肥和追偏肥等管理，以减少小株率。实践证明，在缺苗不太严重的地块，可在缺苗四周留双株或多株补栽。

71. 如何做到适时间苗、定苗？

答：间苗要早，一般在 3 ~ 4 片可见叶时进行，间苗必须做好间劣苗、瘦弱苗、间小苗留大苗、间弱留壮、间病留健、间密留疏，最好是在晴天下午进行；玉米长到 5 片叶时定苗比较合适，因为 5 叶时玉米苗长势旺盛容易分别好苗和差苗，同时植株较好，抗虫、鼠害能力较强，可定苗，拔出多留的苗，以减少幼苗争光争肥矛盾。定苗时应做到“四去四留”，即去弱苗、留壮苗，去大小苗、留齐苗，去病苗、留健苗，去混杂苗、留纯苗。

72. 中耕除草几次为宜？

答：拔节时应进行深中耕，大喇叭口期前后，结合追肥，

适当浅培土一般苗期中耕2~3次，耕深5~10厘米。定苗到拔节，再中耕1~2次，耕深10厘米以上，灌浆后浅中耕1~2次，可破除板结，通风增温，除草保墒。拔除小弱株，大喇叭口期前后拔除不能结果穗的小弱株。

73. 玉米蹲苗的作用和原则各是什么？

答：在玉米出苗至拔节期蹲苗可控制植株长势，促进地下部根系生长，增强根系活力和吸收养分、水分的能力，抑制营养生长，促进生殖生长，一般可增产7%~12%。

玉米蹲苗，主要是通过深中耕、勤中耕，提高土壤通透性能，消除土壤板结，散去表墒，保住底墒，促使根系下扎，促进苗体健壮。对于土壤肥沃、水肥充足的玉米田，要适当控制浇水，防止苗旺而不壮；对于麦垄点播的玉米，如果土壤干旱，可适当浇水。玉米蹲苗应做到“三蹲三不蹲”：即蹲湿不蹲干，蹲肥不蹲瘦，蹲黑不蹲黄，即土壤墒情好、肥力充足、苗色黑绿的地块宜进行蹲苗，反之则不宜进行蹲苗。

74. 玉米为什么要进行化学调控？

答：一般玉米品种密度超过5 500株/亩时易发生倒伏。应用化学调控技术，在玉米拔节期叶面喷施300微升/升金得乐或壮丰灵等玉米调节剂，可以达到缩小玉米营养体、秆细秆坚、抗倒伏，且不改变玉米穗部性状、建构高产群体的目的。

75. 如何使用玉米缩节剂控制玉米穗位高度？

答：首先要明确使用缩节药的目的是降低玉米穗位，缩短基部节间长度、增加粗度。而不是缩短穗位节间和穗上节间。目前效果最好的是福建浩伦的“玉黄金”和河北宁晋的“金得乐”，生产上，种植户往往查不准叶片数，根据株高确定喷施时间容易掌握，可根据降水和玉米长势，在棵高0.5～1米时喷施，不重喷不漏喷。注意，不要在株高超过1米后再喷施，以免减产，也起不到降低穗位高度的作用。

76. 如何预防玉米倒伏？

答：主要措施有：①选用矮秆抗倒伏品种。②适当加深耕层，促进根系发育，增加根数和入土深度。③育苗移栽。经过缓苗期，茎秆更敦实粗壮。④肥地蹲苗。水肥较高田块，拔节前控水肥蹲苗，促根下扎和茎秆健壮。⑤合理密植。通常紧凑型品种亩留苗4 500株，平展型品种3 500株左右。⑥实施氮、磷、钾配方施肥。⑦化学调控。按用药说明喷洒金得乐或康丰利等抗倒伏调节剂。⑧防治玉米螟、茎腐病等。

77. 玉米倒伏分为哪几种？如何防止？

答：玉米倒伏分为茎倒、根倒、茎断3种。茎倒是茎秆长又细，植株过高及风狂雨大，造成的茎秆基部机械组织损伤。根倒是根须发育不良，雨水过多，遇风引起倾斜度较大的倒伏；茎断主要是抽雄前生长快，茎秆组织嫩弱及病虫害危害，遇风折断。造成倒伏主要是由于拔节期水、肥过大，密度过大，使基部茎节细长，强度变弱所致，因此，玉米在底墒较好的惰况下，拔节前后都不浇水，而是通过“蹲苗”控上促下，控制地上茎叶生长，促进根系下扎伸长。农谚“有钱难买五月旱”，就是这个道理。玉米在生育期倒伏，及时救助可减少损失。在拔节后若抽雄前倒伏，自身恢复能力较强，可以不用人工扶助，任其天晴后自己恢复即可。严重倒伏后及时人工扶起，扶起时要边扶直、边培土、边追肥，以免再发生倒伏。对茎秆没有完全断开的植株，可人工连接，如嫁接时断裂处缠一圈塑料布，多数可继续生长。

78. 什么是玉米隔行去雄？玉米什么时候去雄合适？

答：在玉米刚刚抽雄时，隔一行或隔一株去一株雄穗，全田去雄1/2，有利于田间通风透光，节省养分，减少虫害，可增产5%~8%。去雄的方法是：当雄穗从顶叶抽出1/3或1/2，在散粉前，隔行或隔株及时将雄穗拔除。最好将先抽雄的植株或弱株、虫株的雄花去掉，但地边几行不要去雄，以免影响授粉，去雄时切忌损伤顶端叶片，更不能砍掉果穗以上的茎叶，否则造成减产，不是所有抽玉米都适合去雄，它主要用于高产田，栽植密度过大的玉米田，且植株生长均衡，雄穗抽出整齐、抽丝一致，去雄后增产效果明显。玉米抽雄时遇阴雨连绵或高温干旱天气，则不要去雄。

一般玉米抽雄授粉期间，正是一年中最炎热的高温期，去雄过早会影响授粉，一般去雄时间掌握在授粉后，即雄花抽出20天以后开始去雄。去雄时间最好在晴天下午进行，去雄时切忌损伤顶端叶片，阴雨天不宜去雄。

79. 玉米去雄为什么能增产？

答：玉米植株内的养分分配为：首先满足生长点的需要然后再供其他部分，即此谓“顶端优势”，因此玉米抽雄时绝大部分养分，首先满足雄穗的抽出，只有少部分转送到雌穗上，如果营养不足，雌穗抽不出来，形成空秆，因此，去雄可促进养分向雌穗转运，可以集中营养物质供应果穗，果穗发育快，吐死早而整齐，有利于授粉受精，增加粒数和粒重，一般可增产8%~10%。

80. 什么是人工辅助授粉?

答：在玉米盛花期如遇大风，连续2天以上阴天，雨水多及高温情况下，可进行人工辅助授粉。授粉宜在晴天上午露水干后（9~11时）进行，要边采粉边授粉。把集到的新鲜花粉，除去颖壳后，用毛笔蘸取少许授到雌穗的花丝上，也可以把花粉装在小容器内，用2~3层纱布或丝袜封住口，对准花丝轻轻拍打，使花粉均匀的落在花丝上。

81. 什么是站秆扒皮晾晒?

答：玉米定浆后（即蜡熟期或乳熟末期），把玉米棒子的苞叶全都扒开，但不要把苞叶劈掉。让玉米棒上的籽粒，一方面继续生长，一方面直接暴露在阳光之下，接受更多的日光和热量，促使茎内的丰富养料加速向籽粒内输送，增强籽粒吸收养分的能力，战晚熟保秋收。

82. 杂交玉米田间缺苗的原因与预防?

答：(1) 田间缺苗的原因：

①种子自身原因。一是种子发芽率低。有的种子公司通过自检明知个别品种发芽率不合格，但为了盈利，仍把不合格种子按合格种子出售给销售商，并出具不真实的检验结果报告单。农民购买后仍按照标准的播种量进行播种，从而造成田间缺苗。二是种子发芽率合格，但发芽势低。由于种子发芽势低，田间出苗缓慢，这时若遇不良的出苗环境如低温多雨、干旱、大风等，就会导致不能正常出苗，从而造成田间缺苗现象。三是芽子软，拱土能力弱。有的品种具有芽子软的特性；有的品种籽粒小，供种子萌发的养分相对较少，从而造成这些品种发芽时拱土能力弱。若播种过深或土质不好，土壤板结，就会出现出

苗不整齐或畸形苗，导致田间缺苗。②环境因素对田间出苗的影响。一是播种过早。有些农户违背科学种田规律，过早播种，结果由于气温、地温均较低，影响了种子的正常吸水膨胀，导致出苗不齐或畸形苗，从而造成田间缺苗。二是气候和土壤的影响。玉米适宜在中性土壤上生长，如在质地黏重的土壤上种植，由于土壤组织结构紧密，通气不良，遇春季低温多雨，就会使种子所处的环境湿度大，温度低，呼吸受阻，生理生化活动缓慢，影响正常发芽出苗。另外，由于发芽缓慢，种子在土壤中持续时间过长，容易遭受土壤病虫的为害或容易“粉籽”。沙质土虽然土质疏松，通气良好，但失水快，保墒能力差，若遇春季风大、干旱，就会使种子不能吸水膨胀发芽；低温涝洼地上土壤空气稀少，种子由于呼吸代谢不良也会丧失发芽能力，导致田间缺苗。三是播种质量差。实地调查发现，机播的种子田间出苗率及出苗整齐度均较人工撒播的高，说明机播播深一致，覆土深度适宜，种芽出土时可以减少能量消耗，有利于出苗和出全苗。而人工撒播的种子深浅不一，播得浅的种子由于覆土较薄，容易失墒而“芽干”；播种较深的又会使种芽出土时能量消耗大而无力拱土出苗，尤其是芽子软拱土能力弱的品种，播深对出苗影响更大。四是地下害虫的为害。金龟子、蛴螬、蝼蛄是田间出苗的大敌，三大害虫会直接咬食未包衣的种子，致使被咬食的种子失去发芽能力，从而造成田间缺苗。

（2）防治对策：

①选用优良品种。选用优良品种是保证田间全苗的关键。在种子生产上，不论是种子的生产者、销售者还是使用者，往往都对种子的发芽率重视较高而普遍忽视种子的发芽势。实际上，种子的发芽势对苗全、苗齐、苗壮起着至关重要的作用。高发芽势的种子早播时不仅比低发芽势的种子出苗快，成苗率高，而且产量也高。所以，在提供种子的发芽率时，还应提供相应的发芽势，以便选用高发芽势的种子播种，这是早苗、齐苗和壮苗的有力保证。若遇种子紧缺年份，种子发芽率虽不合格但又必须使用时，应报县级以上同级人民政府批准备案后方

可出售，并应告知购种户加大播量，以避免出现重大经济损失。此外，一定要购买经过审定的品种，不买小商贩的种子。买种子时，要保留发票，要信誉卡、产品说明书，了解品种的特征、特性及栽培技术要点，以避免引起后患。②提高播种质量。播种前要进行精细整地。通过深耕、耙耢等措施达到土壤疏松，地平土碎，上虚下实，防旱保墒。另外，播种时还要做到撒籽均匀，覆土深浅一致，播后适度镇压。这两个因素是保证全苗的前提条件。③根据土壤类型制定播种方法。由于黏性土湿度大，温度低，不利于种子萌发，沙质土保墒性差，所以种植玉米杂交种最好选用质地疏松、通气良好、有机质含量丰富的壤土或沙壤土，以保证苗全、苗齐、苗壮。如不能选择土壤，则由于黏性土发老苗不发小苗宜适当浅播，沙质土发小苗不发老苗要适当深播。④适时播种。播种过早不利于种子发芽出土，播种过晚对玉米杂交种的成熟度又有一定影响。适宜的播种期应当是：当土壤5～10厘米土层地温稳定在10℃左右时方可播种。另外，发芽势高的种子对低温、冷害等逆环境的影响抵抗力强，可以适当早播，发芽势低的种子对逆环境的影响抵抗力弱，应适当晚播；覆膜的地块墒情好，地温高，可适当早播，不覆膜的地块应适当晚播。⑤选用包衣种子。通过实地调查，凡是早播的种子，在遇到低温、冷害的逆环境时，未包衣种子在土壤中由于发芽时间长，多数出现了“粉籽”现象，而包衣种子却完好无损。说明种衣剂为种子创造了一个无菌的环境，阻止了土壤微生物对种子的侵染，有效地保护了种子。另外，由于种衣剂的连年使用，地下害虫指数也呈现了下降的趋势，从而减少了地下害虫对种子的为害，提高了种子的发芽率和田间出苗率。⑥适当加大播种量。旱干、涝洼和病虫害易发生的地块，必然影响出苗数。通过适当加大播种量，可增加出苗数，争取苗全。⑦采取补救措施。如发现缺苗，要及早采取补苗和保苗措施。对八成苗以下的地块，要及早采取补苗措施，利用浸种催芽或移苗补栽的办法补苗。对八成苗以上的地块，间苗时注意在缺苗的周围留双苗或密苗，这样做一般可增加一成苗

左右。在追肥时，对双苗或密苗要适当加大追肥量，以达到少减产或不减产、保丰收的目的。

83. 对无灌溉条件的旱田以及播种至苗期遇旱，如何实现抗旱保苗促根增产？

答：①选择耐旱品种。选育和推广耐旱品种是提高干旱条件下作物产量的主要途径。②合理施肥。增施有机肥不仅养分全，肥效长，而且改善土壤结构，协调水、肥、气、热，起到以肥调水的作用，因而是提高土壤蓄水保墒能力得有效措施。施肥方法以一次将氮、磷、钾及有机肥全部施入为最佳，既有利于保墒，又有利于肥料下渗，诱根下扎，增加作物的耐旱性。③深耕细作，纳雨保墒。以土蓄水改造坡耕地，进行机耕深翻是纳雨保墒的重要措施，在实际应用中应坚持早收早犁，保住墒口，深耕细耙，精细整地。④适期早播，培育壮苗。根据作物生长习性，进入适播期后，不等水、不等肥、要抢时，抢墒播种，遇到干旱时，可以采用机械沟播，豁干种湿，实现一播全苗，以充分利用有效积温、光照和底墒，保证作物早生根，形成壮苗提高耐旱能力。

84. 如何预防玉米苗期出现死苗的现象？

答：玉米出苗后，有些地块常因根腐病引起幼苗叶片发黄并死苗。南方土壤湿度高的地方，幼苗叶尖先变黄发褐，2～3天后，整棵苗枯死，拔出幼苗，可以看见根已变为深褐色并腐烂；即使土壤没发生积水，幼苗也会从上部叶片开始，叶尖慢慢发黄变干，沿叶缘向下扩展；根系干枯，有红褐色病斑，严重发病时幼苗枯死。另外地下害虫为害也会造成死苗。

防治方法：种植抗病或耐病品种。通过种子包衣减轻病害发生。在南方，种衣剂重要添加甲霜灵锰锌杀菌剂，在北方则要添加多菌灵等杀菌剂，在病害常发区，直接用杀菌剂以种子重量的0.4%拌种。南方地区要注意田间排水。平衡施肥，播种时增磷肥，提高幼苗抗病性。

85. 玉米发生红苗现象的原因是什么？

答：玉米发生红苗现象的主要原因是缺磷。一方面是土壤有效磷含量低，磷供应不足；另一方面是玉米苗期遇到低温，根系发育不良，降低了吸收磷的能力，同时低温导致土壤磷的有效性降低。因此即使土壤含磷量较高，也会发生玉米红苗现象。

预防玉米红苗现象有效措施：磷肥做种肥，每亩磷肥用量1~2千克（P_2O_5）（磷酸二铵2~4千克）。如果在田间已经出现了红苗，可采取以下措施：①叶面喷施300倍液的磷酸二氢钾2~3次，每隔3天喷1次或喷施1%过磷酸钙溶液（清液）。②松土提高地温。

86. 玉米苗为什么发黄？

答：土壤的水分增多，土壤中的空气相对减少，空隙被堵塞，板结、通气不良，使土壤中的好气性微生物活动受到抑制，影响土壤中养分分解，降低根的呼吸作用，根系生长受阻碍，玉米叶片就会出现发黄。

87. 如何防治玉米“老头苗”的产生？

答：“老头苗”，是在沙壤土地下害虫为害和一些未知原因造成玉米幼苗生长异常现象。症状表现为叶片出现上下贯穿的黄色条纹，苗子分蘖丛生，根基部生长畸形。绝大多数“老头苗”生长慢，不结实，少数能恢复生长和结实。“老头苗”的显症期在玉米定苗后的6~8叶期，一般发生率为10%~30%，严重地块在50%以上。当出现症状后在进行药剂防治是没有效果

的。目前最经济有效的防治方法是使用含克百威或丁硫克百威药剂成分并且含量在7%以上的种衣剂对种子进行包衣。

88. 玉米出现分蘖的原因及去留问题？

答：老是有农民反映玉米长了好多芽子，也就是我们常说的分蘖，弄不清到底是掰好还是不掰好。首先我们要清楚玉米出现分蘖的原因，一是品种问题，密植品种种稀了，易出现分蘖；二是营养过剩，在玉米6片叶后容易出现分蘖；三是用药或施肥不当，玉米心叶死去了，易出现分蘖；四是环境变化，前期温度低，易出现分蘖。其次是分蘖是否影响产量。如果分蘖发育相对主茎较小，随着生长发育的进行，分蘖会被主茎逐渐竞争掉，对产量影响不大。人们担心的分蘖会与主茎间产生养分争夺，实际情况是，在放任其随意生长的情况下，92%~98%的分蘖在玉米抽雄后即逐渐枯萎死亡，只有2%~8%的分蘖能长成并结棒，同时掰除分蘖是对植株的一种伤害，在植株自我修复的过程中，病虫害入侵、真菌感染的概率会加大。

大量实验研究表明，玉米分蘖有好处：一是增加了玉米整体的叶面积；二是增加了根系数；三是减少了土壤水分的蒸发；四是削除顶端优势；五是生殖要素的回流，分蘖在玉米抽雄后会逐渐枯萎死亡，其中的水分、光合产物、生殖要素会回流到主茎，最后为玉米成熟提供养分。

正确的做法是分蘖不要掰！分蘖越多越好，越多越安全，当分蘖超过3个时，哪一个分蘖也不会长高。如果发现个别的分蘖太高，可以掐去顶部，千万不要贴根掰掉！另外主茎心叶死掉的话，分蘖还可以成穗。

89. 如何预防玉米发生空秆？

答：(1) 选用良种：如果玉米种子内在因素有问题，在播种以后，就无法防治空秆，势必造成损失。所以，一定要把好选种关。目前，适合各地种植的玉米杂交良种很多，应良中选优，到信誉好的种子部门购买，不能贪图便宜，购买劣质种甚至假种。

（2）合理密植：玉米种植密度应因地、因肥、因种而定，不可过稀，也不可过密，要保证玉米植株有良好的通风透光条件，满足玉米棒三叶对光照的要求。种植方式最好采用宽窄行。

（3）加强玉米生育期内的管理：如及时间苗、定苗，选留壮苗；搞好中耕除草；认真防治病虫害；增施肥料，尤其是土壤肥力低的田块，应重施基肥，追肥应前重后轻，氮、磷、钾配合，还应适当施微肥，每亩施硫酸锌0.5～1千克；合理灌水，苗期控制浇水，拔节后适时适量灌水等。

（4）实行人工辅助授粉：在开花前，可隔行去雄，苞叶过长的可剪去顶端3～7厘米，使花丝早出，增加授粉机会。

（5）追施幼穗分化肥和攻穗肥：时间在植株生长发育进入雌穗坐胎和抽穗前5～7天，以养好穗胎。

90. 玉米的“秃尖”是怎样形成的？如何预防玉米发生秃尖缺粒？

答：玉米在受到干旱、高温、花粉严重丧失活力，只有少量花粉时，果穗上只能零星形成籽粒，便成为“满天星”果穗。由于雄花抽出过早，雌花顶部花丝吐丝较晚，不能正常授粉，便形成中下部有籽顶部无籽的“秃尖”，另外在土壤缺磷和施磷太少时也容易引起“秃尖”。在授粉偏晚的情况下，花丝吐出较长时间未能及时授粉，上部花丝将下部花丝遮盖，使其不能正常授粉，这就形成了半个穗子有籽半个穗子无籽的“牛角穗”。玉米秃尖缺粒主要与品种、土壤、肥水、气候、栽培管理、病虫害等密切相关。预防秃顶缺粒的主要对策如下。

（1）种植优良品种：种植抗病、抗虫和适应性强的品种。

（2）改良土壤，增强土壤保水保肥能力：提倡使用酵素菌沤制的堆肥和深耕、中耕技术，以改善土壤结构状况，促进玉

米生长生育，增强玉米对不良环境的抵抗能力。

（3）合理施肥用水：要增施有机肥，配合施用氮、磷、钾，防止田间缺少磷肥与硼肥；要防止旱、涝灾害，玉米拔节后水分供应要适时、适量，以促进雌雄穗发育。

（4）加强栽培管理：①要根据品种、地力和种植方式，因地制宜的确定密度，以创造良好的通风透光条件，满足中上部叶片对光的要求，促进雌穗发育。②加强中耕除草和培土。③采用宽窄垄种植技术，以改善田间的通风透光条件。④当遇到不良的气候条件而影响正常授粉时，要采用人工辅助授粉技术。

（5）加强病虫害防治。

91. 玉米生长后期，削去果穗以上叶片，有利于田间通风、透光，促进成熟，增产增收，这种做法对吗？为什么？

答：这种做法不对。因为玉米为腰部结穗，形成产量的功能叶位于果穗上下，如果削去果穗上部叶片，则给后期玉米光合作用减弱，供给籽粒营养物质减少，影响籽粒灌浆，造成减产。

92. 导致玉米半截穗的原因是什么？

答：玉米在中后期出现下半截灌浆饱满、上半截虽已授粉、籽粒干瘪的现象。半截穗的成因：一是栽培措施不当。有的品种对种植密度非常敏感，种植密度过大时，个体发育不良，灌浆期田间郁闭，通风透光差，使果穗顶部籽粒得不到足够的营养，形成严重秃顶。二是营养元素缺乏，玉米后期缺肥，籽粒发育到中途停止生长。三是不良的环境条件。玉米授粉期间高温、干旱，花粉寿命短，或授粉期间降雨偏多，花粉活力下降，造成授粉不良。四是病虫为害导致生长不良。

93. 玉米果穗畸形的原因与防治对策？

答：（1）果穗畸形的主要原因：①障碍性冷害。雌穗在发育形成时受到生理下限低温的影响，造成性器官发育受阻，不能进一步分化，部分性器官没有形成，果穗发育不完全而形成畸形。②顶端优势。玉米的雄穗是由顶芽发育而成，生长势强，雄穗分化比雌穗早7～10天，雌穗是由腋芽发育而成，发育较晚，生长势较弱，当外界条件不适合的时候，雄穗对雌穗产生明显的抑制作用。如营养不良时，雄穗利用顶端优势将大量养分吸收到顶端，营养不足造成雌穗发育畸形。③营养失调。在雌穗分化阶段，如果营养不足，光合面积较小，有机物质积累少，雌穗发育不良，畸形率增高。但玉米生长盛期矿物质供应过多，造成营养生长旺盛，生殖生长减弱，有机物质向雌穗上分配的少，从而形成畸形穗。④高温干旱。喇叭口期至抽穗前是玉米需水量最大时期，如果这个时期干旱缺墒，就会影响雄穗的正常开花和雌穗花丝的抽出，造成抽雄提前吐丝延迟，花粉的生命力弱，花丝容易枯萎，不能授粉受精。⑤阴雨多湿。玉米抽雄散粉时期，阴雨连绵，光照不足，花粉粒易吸水膨胀而破裂死亡或粘结成团，丧失授粉能力，而雌穗花丝未能及时受精，造成有穗无籽。

（2）防治对策：①选择优良品种，适时播种。玉米是对低温反映敏感的作物，品种间对低温反映敏感程度不同，同一植株的不同发育时期对低温的反映也不同。选择对低温反映敏感的品种，在雌穗性器官发育形成期遇到低于生理下限温度的低温，会导致部分果穗畸形。所以，选择对低温反映相对较弱的优质抗病品种，并适时播种，尽量避开当地雌穗发育形成期的低温冷害。②削弱顶端优势。生产上采用的去雄技术能有效削弱顶端优势，减少雄穗对雌穗的抑制，调整养分的合理分配，降低果穗畸形率。当雄穗露尖时，隔行或隔株将雄穗拔出，不要带掉功能叶，全田只留一半雄穗，授粉结束后，将剩余一半

雄穗再去掉，以减少养分消耗。对于采用不育系制种的品种不宜采用该项技术措施。③合理施肥。玉米从拔节到果穗吐丝受精为孕穗阶段，是生长发育最旺盛的时期，此期养分供应充足，能减少畸形穗的发生。基肥要普施有机肥、施入全量磷钾肥。在玉米5～6叶展开时追施拔节肥，追肥数量占氮肥总量的60%。当玉米12～13片叶展开时，追施攻穗肥，追余下40%的氮肥。单一施肥比配方施肥果穗畸形率高，施用二元肥料比三元肥料畸形率高。④合理密植。在同一密度下，施肥少的比施肥多的畸形率高，肥力越低、密度越大，畸形率越高。在种植形式上要根据品种特征特性合理密植。株行距增大，利于通风透光，提高光合能力，增加果穗营养，促进果穗分化，降低畸形率。⑤浇抽雄开花水。玉米抽雄前15天对水敏感，此时土壤干旱若能及时浇水，可促进果穗发育，缩短雌雄花的时间差，利于正常授粉受精，降低畸形果率，若土壤含水量低于田间最大持水量的80%，有条件的地方应立即浇水。

94. 玉米苗期遇雹灾应对有哪四招?

答：玉米苗期遭受雹灾，只要生长点未被砸坏，一般就不要轻易翻种，而应及时采取补救措施，加强田间管理。具体做法是：①剪叶。雹灾过后，及时剪去枯叶和被冰雹打碎的烂叶，使顶心似露未露，以促进心叶生长。②中耕。雹灾过后，容易造成地面板结，地温下降，使根部正常的生理活动受到抑制，应及时进行划锄、松土，以提高地温，促苗早发。③追肥。灾后及时追肥，对植恢复生长具有明显促进作用；一般地块，每亩可施碳铵5千克左右。④移栽。对雹灾过后出现缺苗断垄的地片，可选择健壮大苗带土移栽，移栽后及时浇水、追肥，促进缓苗。

95. 玉米霜冻危害与处理措施是什么?

答：玉米霜冻发生强度和持续时间与地形、土壤、植被、技术措施及作物本身等条件密切相关。洼地、谷地、小盆地和林中空地霜冻多于邻近开阔地。霜冻强度越大，即气温越低，持续时间越长，受害也越重。霜冻之后，如果温度迅速上升且与阳光同时作用于受冻作物，受害更重。

处理措施：①选用生育期适宜的玉米品种，保证初霜前成熟。②相同生育期品种，应选择籽粒灌浆脱水速率快的玉米品种。③选择抗寒力较强的玉米品种。④在霜冻来临前两个小时于上风口点燃能产生大量烟雾的物质，如秸秆、柴草、锯末等，改善局部环境。⑤霜冻来临前3~4天，田间施厩肥、堆肥和草木灰等，提高土温。⑥增施磷、钾肥，增强玉米抗冻性。⑦在确定霜冻来临前一天，将待收玉米植株割倒堆放，可避免叶片冻死，提高粒重。

96. 如何防止玉米籽粒贮藏过程中霉变和损失?

答：(1) 干燥降水：可采取暴晒或烘干处理，含水量12.5%以下，温度20~25℃。

(2) 除杂净粮：入库前，将成熟度差的籽粒，破碎粒、穗轴碎块及玉米衣（糖屑）、砂土碎块等筛选出来，保证粮食干净。

(3) 防治害虫：玉米在收获、晾晒过程中，常带有蛾蝶类害虫和象鼻虫等甲虫类的幼虫和虫卵，可用过筛和熏蒸的方法除治。熏蒸可选用氯化苦或磷化铝熏蒸，费用低、效果好。但种作玉米不宜用氯化苦熏蒸。

(4) 保证适宜的贮藏条件：一是仓贮库房要具有防潮、隔热、密闭与通风、防虫和防鼠性能。二是仓内的相对湿度控制在65%左右。三是注意贮藏温度。通常水分含量低于13℃，温度不超过30℃；烘干的玉米籽粒入库贮藏温度不超过50℃。

第六章　玉米病虫草害识别与防治技术

97. 新源地区玉米的病虫害主要有哪些?

答:主要病害有丝黑穗病、玉米瘤黑粉病、玉米锈病等;主要虫害有玉米螟、蚜虫、红蜘蛛等地下害虫。

98. 如何防治瘤黑粉病?

答:瘤黑粉病症状:此病在玉米的整个生长期均可发生,抽穗前 10 ~ 14 天最易感病,主要症状是在病部长出大小不等,形状各异的病瘤,初期为白色,后期为灰白色,薄膜破裂后散出黑粉及病菌孢子。着生在茎秆和雌穗上的病瘤造成的产量损失最大,虫害严重时容易发生瘤黑粉病。发病条件:病菌主要在土壤及病残体上越冬,种子也带病菌,玉米生长期的病瘤破裂后,由气流传播进行再侵染。防治方法一是种植抗病品种,消灭菌源清除田间病残体,进行秋翻,2 ~ 3 年的轮作。二是选用无病种子或药剂拌种,用 0.3% ~ 0.4% 的五氯销基苯拌种,闷种 3 ~ 5 天。三是重病地深翻土壤或实行 2 年以上轮作。

99. 玉米丝黑穗病有什么症状及防治方法?与瘤黑粉病有什么区别?

答:黑穗病是幼苗侵染的系统性病害,其症状有时在生长前期就有表现,但典型症状一般到穗期出现。生长前期 5 叶期后症状表现为病苗节间缩短,株形较矮,茎秆基部膨大,下粗上细，叶片簇生，叶色暗绿挺直。雌穗被害后，大多数变为一个基部膨大、端部较尖、较为短小、不能抽丝的圆锥形菌瘤。苞叶一般不破，黑粉也不外露。玉米乳熟后，有些苞叶变黄破裂散出黑粉。可看到内部有乱丝状的寄主维管束组织，故名丝黑穗病。雄穗受害后，多数情况下不是局部小穗变为黑粉苞，穗形不变。防治方法：①选用抗病品种。播前灌溉，或者播后灌水，保证土壤水分良好，都可以显著减轻发病。②消灭初侵染源清洁田间，拔除病株，处理病残组织。③发病重的田块，在玉米开花期后，一旦发现病株，一定要割除并进行深埋处理，以防止病原扩散。④目前采用“乌米净”种衣剂包衣，是最有效的防治方法，也可用25%三唑酮可湿性粉剂种子重量的0.2%、2%戊唑醇可湿性粉剂种子重量的0.2%进行拌种。

玉米瘤黑粉病为害秆、叶、雄花，果穗等部位，病部典型症状是形成肿瘤，病瘤开始白色，后带粉红色最后变灰色而破裂，散出黑粉。玉米丝黑穗病只为害穗部，整个果穗变成一个黑粉包，内部杂有丝状物，因此称丝黑穗病。

100. 玉米穗上有很多发霉的籽粒是怎么回事？

答：玉米果穗上出现各种颜色的发霉籽粒被称为穗腐病。在灌浆成熟阶段如遇到连阴雨，一些品种可以出现约50%的果穗发生穗腐病，严重影响产量和质量。引起籽粒发霉的病菌很多，其中许多能产生对人和动物有害的毒素。穗腐病的发生与气候关系密切，也与品种的抗性有关。

如果田间玉米的果穗被害虫咬食，穗腐病就会更重。为减轻霉菌毒素对人畜的为害，在收玉米时，尽量拣除严重发霉的穗子，或在脱粒时应注意去除霉粒。由于穗腐病发生在后期，因此控制方法主要是选种抗性强、果穗苞叶包裹紧的品种。同时要合理密植和施肥、及时收获晾晒、控制玉米螟等害虫对穗部的为害，以减轻穗病的发生。

101. 怎样防止蚜虫？

答：蚜虫主要在玉米中、后期为害，造成叶片皱缩，卷曲，雄花未能散粉。防治方法：①用含有丁硫克百威或吡虫啉的种衣剂包衣，对苗期蚜虫有控制作用。②苗期或喇叭口期喷施10%吡虫啉可湿性粉剂1 000倍液或50%抗蚜威2 000倍液等进行防治。③抽穗初期若发现蚜虫较多时，选用10%吡虫啉可湿性粉剂1 000倍液、10%高效氯氰菊酯乳油2 000倍液、2.5%氯氟氰菊酯2 500倍液或50%抗蚜威可湿性粉剂2 000倍液喷雾。

102. 玉米螟是如何发生与防治？

答：玉米螟高发期一般在玉米心叶期和玉米穗期，要有效防治玉米螟，要做到以下几点。

（1）玉米心叶期防治玉米螟：花叶率达10%的田块，在心叶末期全面普治；花叶率低于10%的，可酌情挑治；花叶率超过20%或百株卵块超过30块的，分别在心叶中期和心叶末期防治1次。一般每株用1.5%辛硫磷颗粒剂或0.4%敌杀死颗粒剂1～2克放入心叶内；或者用90%晶体敌百虫50克或50%敌敌畏乳油50毫升，加水40～50千克灌心。

（2）玉米穗期防治玉米螟：虫穗率达10%或百穗花丝有虫50头的田块，在抽丝盛期用药防治；虫穗率超过30%的，在抽丝盛期用药后6～8天再用药1次。药剂可选用上述药剂的任何一种，在玉米丝及上下各两片叶的叶腋内撒施。危害严重的剪去花丝，在穗顶抹一层药泥，药泥用90%晶体敌百虫50克加水15千克溶解，加入27千克黏土调成泥浆。

（3）玉米螟一年发生1～7代。各地均以末代老熟幼虫在寄主秸秆、穗轴或根茬中越冬。成虫昼伏夜出，有趋光性，一般在玉米抽雄前后及抽丝后1周左右产卵，卵多产于叶背叶脉侧。幼虫孵化后分散潜入心叶或吐丝下垂随风飘移到邻近植株上为害，被害植株常连成一片。高温高湿环境有利于玉米螟发生。

103. 用赤眼峰防治玉米螟要注意哪些问题？

答：①选择寄生力和适应性强的优良赤眼蜂种。②在越冬代玉米螟化蛹率达20%时，后推10天为第1次放蜂时期，间隔5天放第2次。③将蜂卡挂在放蜂点玉米茎秆中部叶片的背面。傍晚时放蜂，减少新羽化的赤眼蜂遭受日晒的可能性。④赤眼蜂只能飞10米左右，放蜂点一般掌握在每公顷30～90点（每亩2～6点），每公顷地放蜂15万～30万头（每亩1万～2万头）。

104. 如何用白僵菌防治玉米螟？

答：（1）春玉米区：用白僵菌封玉米秸秆垛消灭越冬幼虫。在5月上中旬，于越冬代玉米螟幼虫化蛹前，每立方米垛量用白僵菌（每克含孢子量300亿）10～20克喷粉封垛。

（2）在田间玉米螟软孵化盛期：将白僵菌颗粒剂直接撒入玉米心叶中，或将白僵菌粉剂拌成毒土后撒入喇叭口中，用量为每公顷750克白僵菌粉剂（300亿/克）拌土30千克（每亩50克拌土2千克）。由于白僵菌的致病力受温度、湿度、菌量、虫类、虫龄等影响，因此在使用中，一定要选择针对玉米螟的菌株；二要选择合适的施肥药时间（温度23～26℃）；三要选择合适的地区（田间相对湿度80%～100%），气候干燥地区难以发挥出好的防效；四要选择低龄幼虫期，幼虫龄期越低越易被侵染。

105. 如何用颗粒剂防治玉米的钻心虫？

答：亩用3%辛硫磷颗粒剂0.25千克，掺细沙5千克，混匀后，露水干后撒入心叶。也可以用杜邦康宽（氯虫苯甲酰胺）。

106. 麦茬玉米为什么也强调播种后和出苗后喷药治虫？

答：麦收后，蓟马、灰飞虱、黏虫等害虫往往转入玉米田为害，有必要防治，要全田喷施。蓟马、灰飞虱每亩用10%吡虫啉20克、3%啶虫脒15～20克、4.5%高效氯氰菊酯30克，每亩2桶水；黏虫可用灭幼脲1 000～1 500倍。

107. 为害玉米的主要地下害虫有哪些？其为害特点如何？用什么药剂防治？

答：地下害虫主要有：蝼蛄、蛴螬、地老虎和金针虫，它们为害后特点各不相同：①蝼蛄为害后被害部位呈现乱麻状；②蛴螬为害后被害部位咬成孔洞，断口整齐；③地老虎主要从功苗茎基部咬断折倒；④金针虫为害主要是吃掉胚乳，被害部位不完全咬断。目前防治的药剂主要有辛硫磷、3911、甲基环硫磷、1605等播前拌种或做成毒饵，防治效果好。

防治方法：①直接灭虫。秋末进行深耕细耙，结合冬灌和春灌，可有效杀死部分害虫。②毒饵诱杀。将麦麸，豆饼等饵料炒香拌上辛硫磷等杀虫剂，在傍晚撒在幼苗根际附近诱杀蝼蛄；用糖醋酒液加敌百虫诱杀地老虎。③毒土杀虫。播种时用辛硫磷等药剂拌毒土盖种或沟施，也可用将军王毒死蜱配制毒土或丁硫克百威颗粒剂，于傍晚撒在玉米行间。④药剂包衣。用含丁硫克百威、辛硫磷或吡虫啉的种衣剂进行种子包衣。⑤地老虎为害时，扒开被害苗周围的土捉杀幼虫。⑥药剂灌根。用辛硫磷或将军王毒死蜱对水灌根对金针虫有防效。

108. 发生种衣剂药害后怎么办？

答：种衣剂药害发生的主要原因是：一些防治丝黑穗病的

三唑类杀菌剂和防治地下害虫的有机磷类杀虫剂，受春季低温或干旱的影响，而对玉米幼苗造成伤害。药害症状表现为种芽拱不出土、芽弯曲，在地下展开子叶，根少，幼苗生长畸形。药害轻的晚出苗3～5天，重的就不出苗，造成缺苗断垄。发生药害后，喷施生长调剂类农药可以促使苗尽快恢复正常，常用调节剂有30%胺鲜酯、乙利水剂（玉黄金）等。

109. 杂草对玉米会造成什么危害？

答：由于杂草危害，玉米等作物表现植株矮小、叶色发黄、根系不发达、穗形变小，空壳率增加，粒重减轻，有的甚至造成幼苗萎蔫、直至死亡。杂草危害使作物产量降低。在杂草的侵害下，作物新陈代谢作用受到抑制，碳水化合物、蛋白质，脂肪和纤维素等物质积累减少，因而使农产品品质降低。如玉米、高粱和谷子等作物受杂草危害时，其籽粒中淀粉、蛋白质含量降低，种皮增厚。谷糠比率增大，出米率降低。对糖料作物如甜菜、甘蔗的含糖量和薯类作物的淀粉含量也有很大的影响，另外，由于玉米等作物种植时大多留有较大空间，有利于杂草滋长，以前需人工除草2～3次，中耕2次。如除草不及时，则常造成苗期草荒，增加劳动强度，耗费大量除草劳力。一般情况下，玉米田中耕、除草需要的劳力占这几种作物所需全部劳力的40%～50%。近几年除草剂的应用减少了农民的劳动强度。目前在农村经济向商品化、专业化、现代化转变过程中，如何控制杂草，减少草害损失，节省劳力，以便从事工副业建设是个重要的问题。

110. 为什么玉米田里的杂草很难除净呢？

答：农民对杂草最头疼了，因为田里有了杂草，就会影响农作物的收成。可是，杂草的生命力特别强，总是除不尽，每年都会长出来。因为杂草的繁殖力很强，种类也非常多，已经

知道的杂草约有3万种，在地球上分布很广。它们一般都能产生大量的种子，而且有的一年之间能繁殖两三代，数量是惊人的。有些杂草的根、根茎、块茎等也是主要的繁殖器官，地面的草除去了，不多久，地下的根茎上很快又长出了新草。杂草还有顽强的生命力，能耐旱、耐涝、耐寒、耐盐碱、耐贫瘠，所以地球上到处都有它们的踪迹。杂草不但种子数量多，生命力特别强，而且传播的方式也多种多样，使得杂草无法除尽。有些杂草的种子即使在土中或水里待上好几年，也依然能发芽。很多杂草的种子很小很轻，被风一吹，飘向四方，到处安家繁殖。

111. 危害玉米的杂草有那些？

答：我国玉米田杂草种类很多，但常发生造成严重危害的只有20多种。其中，一年生禾本科杂草有稗草、狗尾草、马唐、野燕麦、牛筋草等；一年生阔叶杂草有苍耳、龙葵、风花菜、香薷、狼把草、本氏蓼、酸模叶蓼、猪毛菜、藜、兔丝子、鸭趾草、马齿苋、繁缕等。多年生杂草有问荆、苣荬菜、大蓟、刺儿菜、芦苇等。其中，主要为害杂草有马唐、稗草、狗尾草、牛筋草、反枝苋、马齿苋、铁苋菜、苘麻、苍耳、田旋花等。

112. 怎样对玉米田杂草进行综合防除？

答：所谓综合防除就是把物理的、生物的、化学的方法协调到一个和谐的程序里并经得起时间考验的稳定植保技术。杂草的综合治理是按照害草种类的种群动态和与此相关的环境关系，利用适当的技术和方法使其尽可能地保持杂草种群在经济受害水平之下的一种害草管理系统，这里包含着生态学的观点、经济学的观点和环境保护学的观点。所谓综合是指对象的综合、措施的综合和安排的综合。在考虑如何进行农田害草综合治理时，必须注意几个原则，首先要将草害消灭在作物的生长前期，可以使杂草失去竞争优势或延后竞争，从而可以把杂草的危害减少到最低程度，其次要创造一个不利于杂草发生的农田生态环境。一方面审定耕作栽培技术措施是否与有效防除草害相协调；另一方面要审定除草措施是否与高产栽培相适应。再就是要积极开展化学除草，化学除草仍是综合防除诸措施中的重要环节，化学防除可以为作物前期生长排除杂草威胁，促进中期生长优势，进而控制后期草害。应当指出，各种措施在某一个时期的作用和地位是不同的。在综合防除中，化学防除的采用要根据草害的种群密度水平、危害程度、现有防除能力水平(包括人力、物力的总和)，挽回损失的价值等来决定的。此外，草害的综合防除要把有利于灭草、合理布局和当年收益结合起来，各项措施必须有机地联系成一个整体。

113. 什么是玉米田化学除草?

答：化学除草，即用除草剂除去杂草而不伤害作物。化学除草的这一选择性，是根据除草剂对作物和杂草之间植株高矮和根系深浅不同所形成的“位差”、种子萌发先后和生育期不同所形成的“时差”、以及植株组织结构和生长形态上的差异、不同种类植物之间抗药性的差异等特性而实现的。此外，环境条件、药量和剂型、施药方法和施药时期等也都对选择性有所影响。20 世纪 70 年代出现的安全剂，用以拌种或与除草剂混合使用，可保护作物免受药害，扩大了除草剂的选择性和使用面。由种子萌发的一年生杂草，一般采用持效期长的土壤处理剂，在杂草大量萌发之前施药于土表，将杂草杀死于萌芽期。防除根状茎萌发的多年生杂草，则采用输导作用强的选择性除草剂，在杂草营养生长后期进行叶面喷施，使药剂向下传导至根茎系统，从而更好地发挥药效。化学除草具有高效、及时、省工、经济等特点，适应现代农业生产作业，还有利于促进免耕法和少耕法的应用、水稻直播栽培的实现以及密植程度与复种指数的合理提高等。但大量使用化学物质对生态环境可导致长远的

不利影响。这就要求除草剂的品种和剂型向低剂量、低残留的方向发展，同时力求与其他措施有机地配合，进行综合防除，以减少施药次数与用药量。

114. 什么是苗前除草剂、苗后除草剂？

答：苗前除草剂指在杂草种子发芽、出苗前施药的除草剂，施用后可在土壤表面形成一层除草剂药层，杀死发芽的杂草种子和幼苗，而对药层下面的地下根相对安全。苗后除草剂指在杂草生长期用的药，它常常通过植物的叶、茎或根吸收，并传导至植物的其他部位，从而使杂草受害死亡。

115. 影响玉米除草剂效果的因素有哪些？

答：影响除草效果的因素：①选药不准确。由于对杂草的种类和除草剂的杀草对象了解不清，不能对草下药，造成部分杂草防效差或根本没有防除效果。②干旱影响。玉米播种期正值高温季节，多旱少雨，喷施除草剂后药液挥发快，难以在地表形成药膜，高温干旱同时也阻碍药剂在杂草体内输送和传导，影响了药效的正常发挥。③用药偏晚。目前推广的玉米田除草剂多在杂草5叶期以前使用防效最好，但由于种种原因错过了防治适期，致使杂草长大，对除草剂耐药能力增强，造成防除效果差。④药液用量少。许多农户为省工省力，在喷施除草剂时加水量太少，一般每亩地用药液15千克左右，在地面根本形不成药膜，从而影响了药效的发挥。⑤施药方法不当。一是对悬浮剂类除草剂在没有充分摇匀的情况下使用，影响了除草效果。二是采用前进式喷药法，使刚刚喷到地表的药液在还没有形成药膜时就被脚踩坏或粘走，致使脚踩部位继续长草。三是喷药不均匀，有漏喷或重喷现象，未喷到药的地方继续长草。四是晴朗天气中午前后喷施，药液挥发快，药效低。五是风天使用，部分农药飘落田外，有效药量减少。从而影响了防治杂草的效果。

116. 玉米田播后苗前除草有何优点？

答：玉米播后苗前施药的优点：可以有效将杂草防除于萌芽期和造成危害之前。由于早期防除杂草，可以推迟或减少中耕次数。同时玉米苗尚未出土，施药方便，也便于机械化操作，可供选用的除草剂较多，对玉米安全性较高，价位也较低。施药混土能提高对土壤深层出土的一年生大粒阔叶类杂草和某些难防除的禾本科杂草的防除效果。

117. 玉米田播后苗前除草有何缺点？

答：播后苗前施药的缺点：使用药量与药效受土壤质地、有机质含量、pH 值制约。在沙质土壤田使用，遇大雨可能将某些除草剂（赛克津、利谷隆）淋溶到玉米种子上产生药害。播后苗前施药，土壤必须保持湿润才能使药剂发挥作用，如在干旱条件下施药，除草效果差，甚至无效。

118. 玉米田播后苗前除草剂的科学运用方法？

答：应掌握以下几点：①科学选择除草剂。适宜播后苗前施用、除草效果较好、经济效益高的除草剂有40%乙阿合剂、72%都尔乳油、40%乙莠合剂、90%乙草胺、50%丁阿合剂。这些除草剂对禾本科杂草和阔叶杂草的防效一般都能达80%以上。②科学掌握用药量。用药量小时除草效果差，达不到理想效果；用量大时易产生药害，并加大成本，降低经济效益。因此，在播后苗前施用除草剂时，应注意控制好用量。一般情况下，40%乙阿合剂的用量以每亩地180～200毫升为宜，50%乙草胺的用量以每亩地80毫升为宜，72%都尔乳油的用量以每亩地175～200毫升为宜，40%乙莠合剂的用量以每亩地150～200毫升为宜，50%丁阿合剂的用量以每亩地300毫升为宜。③掌

握好用水量和稀释方法。采用动力药械喷雾时，用水量以每亩地30千克为宜；人工喷雾时，用水量以每亩地50千克为宜。若土壤干旱，可适当加大用水量，以提高除草效果。在稀释除草剂时，一定要采用二次稀释法，即把除草剂先稀释成母液，然后再对水稀释到要求的浓度。④科学掌握施药方式和施药期。喷药时应退着均匀喷洒在土壤表面，做到不漏喷、不重喷，喷药后要禁止中耕，以免破坏地表封闭层。对施药期的确定，应严格掌握在播后1～3天内施药，以避免施药过晚对幼苗产生药害。⑤注意当地气象预报。施用除草剂时，不要在大雨前进行，以免大雨破坏施药层，可选择无风或微风天气施药，以避免雾滴飘移，危害周围的敏感作物。

119. 怎样进行玉米苗后除草？

答：（1）玉米3～5叶期：玉米3～5叶期是玉米田杂草防除的一个重要时期，如杂草不及时防除，将直接影响玉米的生长及产量。对于土壤墒情较好、田间平整，以前未施用过除草剂或施用除草剂历史较短，田间主要杂草为马唐、狗尾草、藜、反枝苋等。可以在玉米3～5叶期施用苗后茎叶处理剂。施药时要注意在玉米5叶期施药，玉米5叶期以后施药易发生药害，施药时如遇高温也易发生药害。对于长期施用乙莠等封闭型除草剂的玉米田块，在玉米3～5叶期，田间香附子、谷莠子大量发生时，可以选用烟嘧磺隆或砜嘧磺隆等苗后茎叶处理剂均匀喷施。施药不匀或药量较大时，玉米叶片有少量黄斑，短时间内可以恢复，一般不会影响玉米的生长和产量。玉米5叶期以后施药，不可使药液流入玉米喇叭口内，否则易发生药害。

（2）玉米6～8叶期：对于前期未进行化学除草、墒情较差、田间杂草较少的田块，可以在玉米6～8叶期、玉米株高50厘米以后，喷施兼有除草和封闭效果的除草剂，既能除去田间已出苗的杂草，又能进行封闭不再出草。如可以用烟嘧磺隆加莠去津（清闲）对水定向喷施。施药时应选择无风天气，定向喷施时注意不能将药液喷施到玉米喇叭口内，否则，易发生药害。对于前期未能进行化学除草，遇到雨天或灌水后，田间杂草大量发生的田块，也可以用烟嘧磺隆加莠去津（清闲）对水定向喷施。对于前期施用封闭型除草剂未能防除香附子的田块，该期香附子基本上全部出苗，且香附子处于幼苗期，是防除的有利时期。可以用二甲四氯钠盐对水进行茎叶喷施。施药时应重点喷施到香附子茎叶上，尽量避免喷施到玉米上。施药时期以玉米5～6叶期较佳，不宜过早和过晚，否则易发生药害。施药温度过高（35℃），对玉米也易发生药害。

（3）玉米8叶期（株高50厘米）后：在玉米生长中期，对于前期未进行化学除草或施药效果较差未能控制杂草危害的田块，可以在玉米8叶期后、玉米株高超过60厘米、玉米茎基部老化发紫后，用百草枯对水定向喷施。施药时应选择无风天气，定向喷施时注意不能将药液喷施到玉米茎叶上，否则，易发生药害。

120. 玉米苗前使用乙草胺+莠去津会造成药害吗?

答：当前玉米田应用面积最大的除草剂品种是乙·莠混剂或乙草胺+莠去津。但用药时期正值干旱，往往达不到预期的除草效果，针对这种现实或为了能有效地数量较多、密度较大、危害较重的稗草和比较难防的鸭跖草，则常有人将50%乙草胺的公顷用量提高到3 750毫升，将38%莠去津的公顷用量提高到4 500毫升，甚至更多，这样一来，即对所种玉米潜在着发生药害的危险，也为实施合理轮作倒茬形成了障碍。也曾不止一次地发生过药害事故。

121. 玉米苗后除草有哪些药剂?什么时候会产生药害?

答：在玉米田应用2,4－D丁酯，于苗后做茎叶处理比播后

苗前做土壤处理易产生药害；于4叶期前或5叶期后喷施，则会造成严重药害。在玉米田应用砜嘧磺隆（宝成），于4叶后喷施；应用嗪草酮、噻吩磺隆（宝收），于5叶期后喷施，亦易造成药害。所以选择玉米苗后除草剂时一定要注意。

122. 提高玉米除草剂效果的技术有哪些？

答：提高除草效果的技术措施：①对草下药。除草剂的选择应根据杂草种类和使用时间来确定，对以马唐、牛筋草、狗尾草、黎、苋、蓼为主的玉米田，可选用40%乙莠水或41%玉草净150～200毫升，或用50%都阿合剂150毫升，或用40%莠去津150毫升，于玉米播后苗前使用，最迟不能晚于杂草2叶期；也可选用4%玉农乐60毫升，或用2.25%康施它100～120毫升，在杂草3～5叶期使用；对于有大草的玉米田，玉米播种后立即用20%百草枯或41%农达80～100毫升/亩喷施地面，先灭除大草，再喷施以上玉米专用除草剂。②严格掌握用药量。目前玉米田除草剂种类较多，有效成分含量不一，使用数量也不尽相同。在使用时必须严格掌握用药量，切忌用量过大过小，既要保证除草效果，又不能影响玉米及下茬作物生长。③加大药液用量。一般要求每亩用药液数量在30～40千克，喷药后应保证地面湿润。④遇旱应先浇水后用药。在干旱年份，应掌握先浇水后喷药，喷药时以地面湿润为好，以利于在地面形成药膜。⑤适时用药。应根据所用除草剂的使用适期，合理确定用药时间，防止喷药过晚而影响药效。⑥正确施药。首先应将除草剂对成母液，对悬浮剂应充分摇匀后使用，喷施时应倒走喷施为好，喷药时间应掌握在9时前和17时后的无风天气进行，切忌中午前后和大风天气及高温时喷药。做到喷施均匀，不重喷，不漏喷，确保喷施效果。

第七章　特用玉米

123. 什么叫特用玉米?

答：特用玉米是根据不同需要培育出的适合特殊用途的优质玉米品种，具有专用性、优质性、高效性等特点。在国内外具有广阔的市场前景。目前在我国具有推广应用价值的特用玉米主要有甜玉米、糯玉米、高油玉米、高蛋白玉米、高淀粉玉米、青饲玉米、爆裂玉米、笋玉米八大类。

124. 怎样种好饲用玉米?

答：饲用玉米栽培的基本要求，是最大限度地生产多量的绿色植物体，这些绿色植株应具备柔嫩多汁，粗纤维含量少，营养丰富，适于青贮或青饲料的条件。其栽培特点如下。

（1）选用良种，调节播期：选用生物产量高，植株成熟后茎叶青绿，营养丰富的杂交种，如是牧场，亦可选用多蘖多穗型的饲用品种，一般每亩青秸产量可达5 000千克以上。根据青贮饲料营养要求，可以进行早、中、晚熟品种的分期播种，春播、夏播或秋播，以在霜冻前青贮玉米能长到蜡熟期较适宜。

（2）加大密度、增加肥水：饲用玉米的种植密度，一般比食用玉米增加50%左右，如果食用和饲用兼顾，则密度与食用玉米大体一致。

（3）利用间作、混作和套作：可与豆类、瓜类、甜菜和马铃薯等间作、混作或套作。在肥水条件及其他栽培措施较好时，茎叶和籽粒的产量均不低于单作。

（4）适时收获：青贮玉米的适宜收获期通常在乳熟末期；如果果穗作为食用，只青贮玉米茎叶时，以蜡熟末期收获最好，晚了可青贮的茎叶减少，并降低饲用价值。

125. 怎样种好甜玉米？

答：（1）选地：为确保甜玉米的特性，应防止与普通玉米串粉，要有 300 米以上的隔离区进行种植。

（2）适期播种，浅播保全苗：甜玉米种子含淀粉量少，出苗率低，春播应以气温稳定在 12℃以上时为适宜播期。甜玉米生育期短，一般品种从出苗到成熟只需 70 ~ 90 天，生产上还要根据甜玉米的特性和商品需要，即以鲜果穗供应市场和加工的特点，采用地膜覆盖等调节播期，延长采收期。播种深度以 3 ~ 5 厘米为宜。

（3）合理密植、科学施肥：每亩播种量 1.5 ~ 2 千克，每穴 3 ~ 4 粒。早熟种每亩 3 000 ~ 5 000 株，中晚熟品种 2 500 ~ 3 000株，肥水条件好的可密些。甜玉米耕前需施有机肥 1 500千克/亩，拔节期追施 10 千克左右硫酸铵，抽雄前 7 ~ 10 天，亩施 15 ~ 20 千克硫酸铵。

（4）适时收获：适时采收是保证甜玉米甜度和高产的关键环节。普通甜玉米在授粉后 16 ~ 18 天采收，超甜玉米在授粉后 18 ~ 20 天采收为宜。采下来的鲜果穗糖分下降很快，因此，要做到边摘边上市出售或加工，普通型甜玉米一般不超过半天，超甜玉米不超过 1 天。

第八章　玉米机械化生产

126. 玉米秸秆还田的作用有哪些？

答：玉米秸秆还田在农业经济中有非常重要的作用：①提高土壤肥力。玉米秸秆还田，不但可以增加土壤有机质、有效磷和速效钾，还可以改善土壤团粒结构，孔隙度增加，保水保肥能力提高。②降低成本，增加产量。玉米秸秆还田，施用化肥，可较好地发挥化肥的肥效，提高氮肥利用率10%~12%，提高磷肥利用率15%~20%，提高产量，降低成本，改善品质，一般增产20%~30%。③省工、省力、省钱。利用农业机械进行玉米秸秆直接还田，可以提高农业生产效率，减轻农业劳动强度，节约时间，弥补农村劳动力的不足的问题。

127. 玉米秸秆还田有哪些注意事项？

答：秸秆粉碎时应注意以下几点：①及时粉碎。玉米收获后秸秆要及时粉碎，粉碎长度不宜超过10厘米，避免秸秆过长造成土壤不实。②增施氮肥。土壤微生物在分解作物秸秆时需要一定的氮素，从而出现与作物幼苗争夺土壤中速效氮素的问题，因此应适量增施氮肥，以加快秸秆腐烂，使其尽快转化为有效养分。③及时翻耕。玉米秸秆粉碎还田后，要立即旋耕或耙地灭茬，并要进行深耕，耕深要求20~25厘米，通过耕翻、压盖，消除因秸秆还田造成的土壤空隙过大问题。④足墒还田。土壤的水分状况成为决定秸秆腐烂分解速度的重要因素，有条件的要及时灌溉。⑤防治病虫害。及时防治各种病虫害，对玉

米钻心虫、黑穗病发生严重的地块，不要进行秸秆还田，有病的秸秆应烧毁或高温堆腐后再还田。

128. 深松作业为什么能让玉米增产？

答：第一，打破犁底层、加深耕作层，改善土壤的物理化学性质。深松作业的深松深度可达35～50厘米，它可以有效地打破多年来犁耕或灭茬所造成的坚硬犁底层，有效地提高土壤的通水、透气性能，利于作物根系深扎。这是铧式犁所根本达不到的效果。第二，深松作业可极大地提高土壤蓄水保墒能力。一般来讲，在干旱季节，深松的地段土壤蓄水量较未松对照增加11～12立方米/亩。且土壤渗水速率提高5～10倍，可在1小时内接纳300～600毫米的降水而不形成径流。通俗地说，就是（新疆平均年降水量150毫米）一年的降水量如果在1小时内降下来，也不会在垄沟积水而全部渗入地下。为作物生长提供一个地下水库。第三，深松可有效地排涝、排除盐碱，对西部半干旱盐碱地块及草场特别适宜。深松后的土壤全部松动而并不翻转，这就为草场改良提供了良好的手段，原有草场植被不被破坏，因此并不影响当年放牧。

129. 玉米深松的作业要求？

答：作业要求：①根据不同土壤条件和作物要求选择相应机具进行深松作业，作业时土壤含水量应在15%～22%。②深松作业一般间隔3～5年深松一次为宜，应视土壤类型、有机质含量及土壤疏松情况，灵活掌握深松间隔周期。③根据土壤条件和土壤压实情况，不同作物的农艺要求，确定深松深度，深松深度≥400毫米，应比现有犁底层深50～100毫米即可，以能打破犁底层为基准。④深松作业时间在春季、秋冬季进行。⑤深松作业深度要一致，不得漏松，春季深松时应同时施入底肥。

130. 玉米田秋季深耕的好处？

答：秋季深耕可改善玉米田土壤的理化性状，加厚活土层，提高土壤通透性和蓄水保墒能力及肥力，有利于根系生长，扩大养分、水分吸收范围。深耕还把藏于土壤中的害虫及病菌翻到地表冻死或晒死，减轻病虫害。

131. 什么是保护性耕作？

答：它是相对于传统耕作的一种新型耕作技术。保护性耕作包括四项技术内容：①改革铧式犁翻耕土壤的传统耕作方式，实行免耕或少耕。免耕就是除播种之外不进行任何耕作。少耕包括深松与表土耕作。深松既疏松深层土壤，基本上不破坏土壤结构和地面植被，可提高天然降雨入渗率，增加土壤含水量。②将30%以上的作物秸秆、残茬覆盖地表，在培肥地力的同时，用秸秆盖土，根茬固土，保护土壤，减少风蚀、水蚀和水分无效蒸发，提高天然降雨利用率。③采用免耕播种，在有残茬覆盖的地表实现开沟、播种、施肥、施药、覆土镇压等复式作业，简化工序，减少机械进地次数，降低成本。④改翻耕控制杂草为喷洒除草剂或机械表土作业控制杂草。

132. 什么是玉米免耕技术？

答：指在适宜条件下，采取化学除草技术，田块不经翻耕犁耙，直接在前茬地上开穴（沟）、施肥、播种的一种耕作和种植玉米的技术。

133. 如何克服玉米茬整地难和整地质量差的问题?

答：玉米播前整地宜本着细碎、平整、保墒、高效的原则，适时进行整地作业，为播种保苗做好准备。玉米收获后直接整地应在土壤含水量适宜（10～20 厘米土层的含水量在 15%～20%）的情况下进行，用大型旋耕机处理一遍，如果不能达到要求状态，可再用综合整地机械（深松浅翻、重耙、平整一次完成）作业一次。玉米收获后不直接整地，如北方春玉米的春整地，根茬经过较长时间的降解、分化、降水等过程，含水量较低，在综合考虑农时、天气、土壤及种植计划等因素的基础上，于播前的适当时机用大型旋耕机进行整地。如果用宽窄行种植法种植玉米，在玉米收获后可不必处理根茬，只用旋耕机对宽行部分旋耕整平即可，这样秋整地较容易，机械作业次数少，成本低，效果好。具体做法是：将现行匀垄（65 厘米）改成宽（90 厘米）窄（40 厘米）行种植，玉米大喇叭口期在 90 厘米宽行深松，收获后对宽行进行旋耕。下一季只在旋耕过的宽行上播种玉米，若种植大豆则在宽行内和窄行内同时播种。各地自然条件和生产条件差异较大，应根据情况灵活掌握。

134. 玉米密植高产全程机械化有什么技术要点?

答：①选择耐密、抗倒、适合机械收获的品种。选择国家或省审定、在当地已种植并表现优良的耐密、抗倒、适应机械精量点播和机械收获的品种。籽粒机械直收要求后期脱水快、生育期短 5～7 天的品种。种子质量符合 GB 4404.1《粮食作物种子质量标准——禾谷类》的规定。②增密种植。根据当地的气候条件、土壤条件、生产条件、品种特性以及生产目的，合理株行距配置，确保适宜密度。西北地区光照条件较好，一般中晚熟品种留苗 6 000～6 500 株/

亩；中早熟品种7 000～7 500株/亩。东北地区早熟品种6 000～6 500株/亩，中熟品种5 000～5 500株/亩。③采用机械精量播种。单粒点播种子发芽率应高于96%。通过足墒、适期播种等，保证苗齐、苗匀、苗全、苗壮，提高群体整齐度。带种肥播种时要种、肥分离。④分期施肥。根据各地玉米产量目标和地力水平进行测土配方施肥，使用各级土肥站经测土推荐的配方或配方专用肥。在有条件的地区，每亩施优质粗有机肥2～3吨或精制有机肥1吨左右；全部磷肥、30%～40%的氮肥（如有种肥可相应减少用量）和70%钾肥作基肥。剩余的肥料在小喇叭口期以前进行一次性机械追施。⑤化控防倒。对于倒伏常发地区和密度较大、生长过旺、品种抗倒性差的地块，可在玉米6～8展叶期，喷施化控药剂，如玉黄金、吨田宝、羟基乙烯利等，控制基部节间长度，增强茎秆强度，预防倒伏。⑥适时晚收、机械收获。根据种植行距及作业质量要求选择合适的收获机械。玉米完熟后可果穗收获。籽粒机械直收可在生理成熟（籽粒乳线完全消失）后2～4周进行收获作业，籽粒水分含量应为28%以下，一次完成摘穗、剥皮、脱粒，同时进行茎秆处理（切段青贮或粉碎还田）等项作业。⑦秸秆还田，培肥地力。利用饲草检拾打捆机将秸秆打捆做饲料，或利用秸秆还田机粉碎秸秆。用翻转犁翻地，深度30～40厘米。

135. 如何选购玉米播种机？

答：①在购买玉米播种机时，要选购正规企业生产的名优产品。性能先进，质量可靠。还应到有一定销售规模的商家购买，信誉好，服务有保证。注意看随机的“二证、一牌、一书（推广使用许可证、产品合格证、产品铭牌、使用说明书）”，这些文件既是能说明该产品是否为正规产品的一个佐证，又能辅导农户正确合理地使用产品。②要根据说明书或标牌要求，选择与现有动力相匹配的挂接方式相同的播种机。③要考虑机具的适应性。我国幅员辽阔，各地情况千差万别，东北地区是垄上播种；华北地区一年两熟，小麦收割后要免耕抢种。因此必

须根据当地的耕作习惯和技术要求选择机械。④要兼顾现先进性与经济性。目前使用较多的机械式播种机结构简单，价格低。而气力式精量播种机作业质量好，省种，但结构复杂，价格较高。要综合考虑动力大小和服务面积来决定购买播种机的档次。⑤要注意机具的安全性。购机后检查播种机的传动部位是否佩戴有安全防护罩，危险部位是否有安全警告标志等，确保人身安全。

136. 如何选购玉米收获机？

答：①选购已经定型的产品。产品已通过技术鉴定，取得农业机械推广许可证。②要注意机具的适应性。要看收获机是否适应本地的播种习惯，例如，是垄作还是平作，收获机是否对行等。③要考虑自己的经济实力。玉米收获机有自走式和背负式。自走式以多行为主，机型庞大、价格昂贵，投资回收期较长，但专业化程度高，作业效果好；背负式价格低廉，可充分利用现有拖拉机，一次性投资相对较少，但操控性及专业化程度不及自走式。因此在选购时，若在经济相对发达且种植规模较大的地区作业，应优先选购自走式收获机；在经济欠发达或种植规模较小的地区作业，或者已经有拖拉机，则应考虑优先购买背负式收获机。

137. 玉米机械化高效自走式高架喷药机主要应用有哪些？

答：推广应用自走式高架喷药机是基于化学除草、化学灭虫、喷施叶面肥或矮秆素，是玉米播种后，加强田间管理，促进稳产、高产不可缺少的农业生产技术措施。①化学除草。省工、省时，劳动强度低，消除杂草与玉米争光、争水、争肥的效果好。②化学灭虫。是目前防治玉米害虫的物理、生物、化学3种方式中，最为有效的方式。③喷施叶面肥。是及时治疗玉米缺素症的有效方式。例如，玉米缺锌时，向叶面喷施硫酸锌效果很好。④喷施矮秆素。在防止玉米生长过高，提高光能利用率、抵抗风灾，促进果穗获得足够养分等方面效果好。以上几种有效的农业生产技术措施，都是用原料与水对成一定比例进行喷施作业，并且有农时要求，需在植株高矮不同时期进行作业。而自走式高架喷药机除具备其他喷药机劳动强度低、作业效率高，是人工时十倍以上、喷施质量好，达到同等效果时节约原料，一机多用，没有悬挂式喷药机在玉米植株长高后不能进地作业的弊端。

138. 玉米机械化播种作业应注意哪些问题？

答：①播前对播种机械进行调试。连接部位要紧固，传动部位要灵活，润滑部位要注油，按单位面积株数调整好总播量和行距。调整好施肥机构的施肥量，正常运转后再作业。②观察下种量是否准确。半精量播种一般每亩用种 1.75～2 千克，精量播种每亩用种 1 千克左右。观察是否定量、定位，有无空穴。化肥排量是否准确，排肥传动是否正常。如果发生故障，应立即停车排除，以免产生断垄、缺苗。③控制播种作业速度和播种深度。墒情好的地块覆土厚度 4～5 厘米，墒情差的覆土厚度 5～6 厘米，化肥深度在种子下 5～6 厘米。机械式播种机作业速度一般在每小时 4～6 千米，气力式播种机一般在每小时 8～10 千米。④经常观察和检查开沟器、覆土器、镇压器的工作情况，如开沟器和覆土器是否缠草和壅土，开沟深度是否一致，种子覆盖是否良好，镇压器镇压强度是否适当。⑤播种过程中应注意使相邻行程之间（即衔接行之间）的行距尽量与行程内的行距保持一致。⑥田间因故停车时，应将播种机升起，后退一定距离再继续播种，以免出现缺苗、断垄现象。⑦播完一个品种，要认真清理种箱，严防品种混杂。

139. 玉米机械化植保作业应注意哪些问题？

答：①作业前对喷雾机械进行检查调整，检查药箱和喷头是否有跑漏现象，连接部位是否紧固，传动部位是否灵活，管道是否通畅，喷雾泵压力是否正常，各喷头喷雾量是否一致。②根据确定的田间喷量和喷头的流量控制作业速度，一般应控制在 4 千米/小时左右，匀速前进。快了药量不足，慢了易引起药害。要避免重喷和漏喷。③掌握喷药时间，晴天高温时应避开 11～14 时这段时间，以免高温蒸发快降低药效。④机组行驶方向应与风向垂直或成一定角度。先从下风头开始，风速大于 3 级时应停止作业。⑤喷药作业人员要穿好防护服，戴防护面具和口罩，防止接触药物中毒。喷过药剂的地方要做出标记，以防人畜中毒。⑥作业现场不准喝水、饮食、吸烟，人体裸露部分应避免与药剂直接接触。作业后，手、脚、脸、鼻、口等都应洗漱干净。鞋帽、手套、口罩、工作服等未经清洗不准带入宅内。⑦作业结束后，应选择适当地点清洗机械，严防污染水源。

140. 玉米机械化收获作业应注意哪些问题？

答：①在投入作业前对机具进行调试，连接部位要紧固，传动部位要灵活，润滑部位要注油，结合部位配合间隙调整适当。防护装置安全可靠，新购置的玉米收获机按说明书要求进行磨合试运转。②作业前应平稳结合工作部件离合器，油门由小到大，到稳定额定转速时，方可开始收获作业。③作业过程中出现超负荷时应中断玉米收获机工作 1～2 分钟，让工作部件空运转，以便从工作部件中排除玉米穗、籽粒等。当工作部件堵塞时，应及时停机清除堵塞物，否则会导致收获机摩擦加大，甚至损坏零部件。④作业中还应注意。对行收获的收割机要根据玉米的实际行距进行调整，保证收割质量；随时检查玉米穗剥皮情况及秸秆粉碎质量、割茬高度等，必要时进行调整；作业时注意观察各部位工作状态是否正常，必要时进行调整；观察收货地块玉米倒伏情况，根据倒伏程度调整割台高度。⑤作业面积较大时，可分小区作业，按收获机割台行数的整数倍划分成几个小区来收割。

第九章 玉米优质高产栽培关键技术

141. 新源县玉米种植中存在的问题有哪些？

答：（1）玉米重茬日趋严重：在市场经济的作用下，2016年新源县玉米种植面积迅速扩大到34.05万亩，占全县种植面积的36.68%，玉米重茬日趋严重的问题。目前玉米重茬4～5年极为普遍存在，有20%以上地块玉米重茬10年以上，玉米病害发生明显加重、后期脱肥明显、产量、品质下降。

（2）玉米种植面积比例过大：2016年新源县以东的玉米主要种植区，阿热勒托别镇玉米种植面积占耕地面积的59.06%，别斯托别乡玉米种植面积占耕地面积的54.82%。玉米种植面积比例过大，造成用水时段集中，玉米缺水受旱严重，对玉米产量影响较大。

（3）秋翻地施用基肥面积小：近年来，新源县加大了秋翻的力度，秋翻面积占总耕面积的15%。2016年玉米机械收获面积迅速扩大33万亩，秋翻面积也将随之扩大。但在历年实行秋翻过程中呈现出有80%的地块没有施用基肥，导致来年基肥无法施入。大部分农民则采用耙地前撒施、加大种肥用量等方法施肥，但这些施肥方法由于施肥深度只有5～13厘米耕层中，这样5～30厘米耕层内没有施入基肥，造成作物生长到中、后期时易产生脱肥、早衰现象。

（4）有机肥施用数量和面积小：种植玉米的地块有90%以上的农户不施有机肥，既是施用有机肥的地块，有机肥的使用量也只有0.5立方米左右，达不到高产田玉米亩施有机肥2立方米的标准。

（5）整地质量达不到标准：一是随着玉米秸秆还田面积的不断扩大，秸秆翻压不严实的面积也随之增加。二是耕翻较浅23厘米以内。三是没有适墒翻耕，犁地时土壤过湿或过干，造成地块内大坷垃过多，影响播种质量。四是不捡拾前作玉米或油葵根茬。五是耙地不精细，普遍存在地头、地边漏耙现象。

（6）播前不进行种子处理：玉米播种前农民不进行选种和晒种，特别是2010年大多数采用玉米精量播种的农户也不进行玉米种子处理。造成玉米烂种、缺苗、使玉米出苗率偏低。目前本地区推广的玉米品种不论是20千克的大包装，还是2.5千克的小包装，是包衣种还是常规种，执行标准中的纯度、净度、发芽率在90%以上。所以，农民在买回玉米种籽后，必须要进行人工选种，将破粒、烂粒、小粒和杂质等全部检出。在播种前一周，选晴天将选好的玉米种子摊晒在太阳下晒种3～4天，可杀死附着在种子表面病菌，提高种子发芽率。严禁将种子晒在水泥地上，因温度过高易烫伤种子。根据实际情况进行拌种处理；如买回的种子是包衣种就不需拌种，如买回的种子是常规种，要经过选种、晒种后，还要进行拌种处理，特别对早播（4月15日以前）的地块，必须用拌种剂卫福、拌种双等拌种，防止低温烂种及病害。

（7）播种质量差：播种质量达不到要求，播种过深超过4厘米，播深不一致，下籽不均匀，空穴率高达2%以上。横头铺膜不整齐，采光面窄不到30厘米，膜上覆土过厚超过2厘米，遇雨板结幼苗顶土困难，如放苗不及时，幼苗烫伤、死苗现象严重，造成亩保苗数达不到标准。

（8）头水前揭膜到位率低：近年来玉米头水前揭膜面积只占玉米播种面积的20%左右，还有80%以上的玉米头水前没有揭膜，并且收获后也不进行揭膜。造成玉米水灌不透，玉米抗旱能力减弱。

（9）玉米后期脱肥现象严重：造成玉米后期脱肥现象主要有以下几种：①在犁地前不施基肥；②不施基肥和追肥施用量不足；③土壤板结田间管理不到位；④基肥和第一次追肥使用

量不足；⑤土壤质地差，保水、保肥性能不强；⑥田间管理粗放。因此必须采取在玉米灌浆初期，亩追施尿素总量的15%~20%，亩用量5~8千克进行第二次追肥。对玉米可溶性物质的积累、千粒重的增加以及提高玉米单产有显著的效果。

（10）玉米螟防治效果差：在新源县玉米生产中对玉米螟的防治偏重药物防治，轻农业综合防治，且防治效果差。原因一是防治方法不正确，有些农户用液体杀虫剂喷洒，还有的农户用呋喃丹颗粒剂在田间撒施，二是在进行玉米螟的药物防治过程中只对玉米螟一代幼虫施治，对二代玉米螟不进行防治；三是不进行农业综合防治，在玉米螟化蛹前没有对玉米秸秆实施碾压、粉碎、堆沤等处理措施；四是本地生物防治和物理防治还处在初试阶段，应加速生物防治和物理防治在农业生产中的应用、推广。

（11）不重视残膜回收：在生产过程中大部分农民对残膜影响玉米出苗率的认识不足，找出各种理由不进行残膜清除，造成玉米缺苗率达3%~4%，为此在来年玉米种植过程中，必须进行残膜回收工作。可以采取作物收获后机械残膜回收和玉米头水前揭膜，才能确保玉米一播全苗。

（12）焚烧玉米秸秆现象逐年加重：随着种植玉米面积的迅速扩大，由于玉米秸秆有效处理滞后。农民在春季犁地前将玉米秸秆在地里焚烧现象逐年加重，其原因主要有：耕翻机具不配套，秸秆翻压不严实；农区养殖业发展缓慢玉米秸秆剩余量大。

142. 密度与产量构成因素的关系？提高产量，为什么会增产？

答：玉米产量是由亩穗数、穗粒数和粒重构成的。试验表明，随密度的增加，亩穗数增加（但增长比数越来越小），而穗粒数、粒重降低。合理密植增产的原因就是因为增穗增加的产量，大于由于粒数、粒重降低对产量引起的下降作用；如果是小于则说明过密。

如减穗减产的产量大于增粒、增粒重的增产作用，则说明过稀。密度与产量是抛物线关系。一般情况下，产量构成因素对产量的调节作用是穗粒数 > 每亩穗数 > 千粒重。但针对不同条件，三因素的作用亦有变化：在低产变中产(200～400 千克）条件下，亩穗数是关键因素，应通过增穗增产；而在中产变高产条件下（400～700 千克)，穗粒数起主导作用，应通过增粒增产；高产更高产条件下，主要是在稳定穗数的基础上，以提高穗粒数和千粒重夺取高产。总之，玉米要高产穗足是基础、粒多是关键、粒重是保证。在实际高产栽培经验中，创高产的途径有三：促穗多（紧凑型)；促穗大(平展型)；促穗大、粒大结合。

玉米产量是由单位面积上有效穗数、穗粒数和千粒重构成的。在一定范围内，单位面积上种植密度增加，有效穗数相应增多，穗粒数和千粒重下降，但根据品种特性和地力条件，合理提高密度，穗粒数和粒重较稳定或下降幅度小。由于穗数增加而使总粒数显著增加的补偿效果大，最终提高产量。当前玉米生产中的突出问题是种植密度偏低，严重影响产量。合理密植的原则是肥力高的地块可适当密植，肥力低的地块应适当稀值，以肥保密；水分充足可适当密植，水分不足应稀值，以水保密；早熟品种适当密植，晚熟大穗型品种适当稀值；投入肥料充足可适当密植，肥料不足应当稀值。

143. 玉米地膜覆盖种植技术要点是什么？

答：①抓全苗。覆膜种植须做到地面没有杂草和根茬，表土细碎松软，行距适中；可比露地适时足墒早播，等距穴播，浅播薄盖，种肥错开。②覆好膜。应选用透光率高、增温效果好、拉伸力强、抗撕裂、不易老化的低压聚乙烯线性薄膜、覆膜质量直接影响出苗、保墒、增温效果。要避免地膜被风损坏。③施足肥料。地膜覆盖给追施肥料造成困难，所以要施足底肥，增施有机肥，满足植株一生对养分的最大需求。④选择种子。要选择生育期适当、叶片上冲及抗逆性强的玉米品种。⑤合理

密植。地膜覆盖种植密度一般比露地种植增加20%~40%，具体应依据品种特性、土壤肥力及施肥水平而定。⑥药剂灭草。控制杂草是关键。覆膜前采用药剂灭草，一般每亩用38%阿特拉律0.2~0.25千克加乙草胺乳油150~200毫升，对水60千克，于土壤干燥时均匀喷洒于床面后立即盖膜。⑦防治病虫害。采用种子包衣防治地下害虫，选择高效低毒农药及时防治二代黏虫和玉米螟。⑧加强管理。对于膜内种植的玉米田，如果是先播种后覆膜，苗齐后要及时开孔放苗，防治高温烧苗。放苗前先放风炼苗2~3天，然后按照放大不放小，放绿不放黄，阴天突击出，晴天避中午的原则放苗出膜，放苗后用土封严苗孔。如果是先覆膜后播种，要及时检查，发现有苗被压在膜下时，要及时扶苗出膜，再封严苗孔。对于膜侧种植的玉米田，要尽量靠近地膜播种。要充分利用膜侧种植的优点，在玉米需肥关键时期追肥，充分发挥覆膜玉米增产效果。

144. 玉米高产栽培的四个关键环节是什么？

答：玉米种植是个系统工程，并不单独说好的种子好的肥料就能达到高产，要想达到高产必须有四个环节：首先要选好种子。种子要选择符合当地地温、土壤结构条件、生长期、株高、土质、抗旱、抗寒能力、地区的实用性等条件。而且种子要处理，处理种子全衣的时候一定要使用好的包衣剂。第二个要选好肥。选择肥要选生物有机肥和无机肥，因为长期使用化肥几十年，严重的造成了土壤板结。通过使用有机肥，提高了土壤的肥力，这样对提高产量有一定的影响。施肥量要根据保苗的株数或者产量来定。在追肥的时候有严格要求，现在农民为了省劲，在追肥过程中，都把肥往地里扬，这样肥料的利用率只能达到30%，70%严重浪费，而且还造成了严重的环境污染，造成了河水生态各方面都不平衡。要求把肥施到地里进行深埋，这样施肥的过程中才能达到理想的目的。第三个要点就是精耕细作、合理密植。土壤深翻的程度都在20厘米左右，而美国西方国家，深耕的时候都达到40~50厘米，而中国非常浅，这样苗根扎的就浅，抗倒伏、抗病能力、吸收深层的水分和养分就达不到要求。所以要精耕细作，播种的时候实施科学的密植，既要考虑通风采光的光照效果，还要保证苗数，这样才能提高产量。第四要科学的搞好田间管理，包括除草剂的使用。除草剂的使用大多数农民对水，达不到除草的目的，要科学使用促控剂，促控剂能间接提高玉米产量30%左右，促控剂的有效作用，能整个控制它的植株高度，降低它的穗位，这样能起到抗倒伏抗病的能力，而且要求植株的秆要粗，根要扎的深，这样就把深层的水分和养分间接到玉米棒上，这样玉米棒不秃尖，籽粒饱满，再就是搞好病虫害的防治，大多数玉米螟为害非常严重，造成玉米严重的减产，所以要及时防治玉米螟。

145. 玉米“一增四改”技术措施的主要内容是什么？

答：2006年农业部根据专家建议，在“加快玉米生产发展”的文件中明确提出将“一增四改”作为玉米增产的重要措施。

“一增”：增加种植密度。根据品种特性和生产条件，因地制宜地适当增加玉米种植密度，在现有密度偏稀的地区和地块将种植密度普遍增加500~1 000株/亩。

“四改”：①改种耐密型品种。加大耐密高产品种选育和推广力度。②改套种为平播，并适当延迟收获。③改粗放用肥为测土配方施肥。④改人工种植为机械化作业。逐步扩大机耕、机种、机收等全程机械作业比例。

146. 一项“零投入能增产百斤”的措施是什么？

答：玉米杂交种有假熟现象，“棒子皮”变白后叶片仍呈绿

色，灌浆并没停止，平均每天每亩生产籽粒 7.5 千克以上，“棒子皮”变白后推迟 7～10 天收获，每亩多收 50～75 千克。成熟期标志为籽粒乳线基本消失、籽粒尖端黑色层出现。麦茬直播一般应在 10 月 1 日后收获，玉米适期晚收能增产、小麦适期晚种不减产。

147. 玉米增产的途径有哪些？

答：玉米增产有两个方面的原因：遗传性改进（品种选育）占 20%～35%，非遗传性改进（栽培技术）占 65%～80%。一是培育适合密植的杂交种。品种发展趋势：矮秆、早熟、紧凑、适于高密的杂交种，在玉米生产的发展过程中，通过增加密度提高的产量占 21%；二是加强田间管理，提高栽培技术。

（1）增施肥料、培肥地力：在高产玉米栽培中，培肥地力是根本，增施肥料是关键。在增产作用中一般培肥地力占 60%～80%，增施肥料占 20%～40%，地力越肥地力占的比重越大，相反肥料占比重大。一般情况下，化肥施用量与玉米产量成正相关，由单一施肥到复合肥料的施用，与玉米产量也有正相关关系。新疆维吾尔自治区土壤普遍缺 N、严重缺 P、部分缺 K。因此，培肥地力，增施肥料显得十分重要。特别是在人多地少的情况下，增施肥料、提高单产是解决粮食问题的唯一途径。一般每增施 1 吨化肥就相当于扩大 20～40 亩土地面积。

（2）加强植保工作：①化学除草。拉索 0.13～0.2 千克/亩（100～200 毫克）（出苗前施用），2,4－D 丁酯 0.04 千克/亩（40 毫升）（4～5 叶期施用），注意（出苗前）施用除草剂后不能即时中耕。②加强病虫害防治。

（3）提高机械化水平：玉米是可以全面实行机械化的作物，机械化操作可争农时，提高作业质量。

存在问题：①生产社会化程度高；②种子质量要求高（大小一致，芽率高）；③收获时成熟整齐不倒伏；④果穗位高一致且不能低于 30 厘米；⑤脱粒时籽粒含水量应小于 20%。

148. 玉米增产实用技巧有哪些？

答：(1) 防早衰：由于玉米植株高大，生长期间必然要消耗大量养分和水分，而生育中水分过多，会造成土壤缺氧，这时根系活力减弱，吸水困难，但叶片蒸腾不减，尤其是晴天，叶片消耗水分更多，易造成生理代谢失调，出现叶片卷曲，生长缓慢，若此时缺肥，就会出现植株矮瘦，甚至枯萎死亡。防治方法：若多雨地区，应做好排涝防渍工作，若出现早衰趋势或叶片落黄，应在开花初期追施精肥或喷施磷肥，以延长绿色叶片，增加果穗，苗期多施草木灰或硫酸钾肥，也可以防早衰。

(2) 防空秆：矿物质供应不足，营养失调，不能满足果穗分化期对养分的要求，或密度过大，光合弱小，而氮肥多、磷素少、缺钾等都会造成空秆。防治方法：在种植时应注意密度，要求大行玉米不封行，以保证株行通风透气，要适时适量供应养分和水分，以利果穗分化发育，同时应在施肥时注意氮、磷、钾三要素适当结合。土壤肥力差的地应多施有机肥，土壤肥力高的地，苗期要多施磷肥，以便长根壮秆，果穗分化期要进行追肥，抽雄前后看苗适当补肥。如过密或株弱的要及时拔掉。

(3) 防缺粒与秃顶：土壤中缺少磷肥，植株在孕穗开花期如糖代谢和蛋白质的合成、细胞分裂受阻，穗顶会缢缩，花丝伸长也减慢，影响自然授粉，就会导致秃顶甚至空穗。土壤如缺钾，可溶性碳水化合物向籽粒运输受阻，粒籽淀粉也必然少。或早期受虫害、风害致使株苗运送养分不足，或开花期遇雨、花粉受精受阻等都会造成秃顶、瘪粒或空粒。防治方法：要防止植株早衰，关键要防止病虫为害，多施磷肥、钾肥，如在抽丝时遇天旱，要及时浇水和灌溉，开花期最好进行人工授粉。

(4) 防倒伏：留苗密度过大，在茎秆伸长时肥水管理不当，容易造成倒伏，影响产量。防治方法：种植时要加深耕作层，增施基肥，中耕时适当培土，使玉米扎稳根架。施肥时应注意氮、磷、钾结合，并注意植株密度，保证生长期叶片有足够的

阳光，使植株粗壮，使植苗粗壮，以增加抗倒伏能力。

149. 玉米测产需几步？

答：玉米测产方法：①取样选点是基础。根据地块的大小和均匀度确定取样点数。5 亩以下、玉米长势比较均匀的地块随机取 3 个样点；6 ~ 10 亩或玉米长势差异较大的地块随机取 5 个样点；11 亩以上的地块相应增加取样点数。②测算亩收穗数。测量时，每个样点量 10 个行距计算平均行距，在 10 行之中选取有代表性的双行 20 米，以此来计算每亩株数。然后选择紧挨着的 10 个玉米穗，进行穗粒查数，并记录，若一株上有两个穗时，要算两个穗上的穗粒数，对于株上无穗的按穗粒数为“0”计数，此方法来计算每穗粒数。③计算产量。理论产量（千克/亩）＝每亩株数×每穗粒数×百粒重（前三年平均数）×85%。

150. 目前适合新源县的玉米品种有哪些？它们的特性是什么？

答：农民根据自家地力情况，投肥水平以及灌溉情况可选先玉 335 3564、2564、伊单 42、KWS1568、QF1688、KWS3376、KX9384，它们的特征特性如下所示。

（1）先玉 335：产量 950 千克/亩，比 SC704 增产 10% 以上。生育期 130 天左右，抗倒伏、抗瘤黑粉病、灰斑病、纹枯病和玉米螟。籽粒容重 776 克/升，粗蛋白 10.91%，粗脂肪 4.01%，粗淀粉 72.55%，赖氨酸 0.33%。所需≥10℃有效积温 3 200 ~ 3 300℃。适宜种植密度 5 000 ~ 5 500株/亩。

（2）KX3564：从德国引进，春播 127 天左右，株型紧凑清秀，适宜密植，株高 280 厘米左右，穗位 120 厘米左右，茎秆坚韧，根系发达，抗倒伏能力强，果穗长筒形，穗长 20 ~ 24 厘米，穗行数 16 ~ 18，行粒数 44 左右，穗轴细，红色，出籽率高，脱水快，籽粒黄色马齿型，千粒重 360 克，成熟时叶片仍为绿色，适宜青贮和青饲。一般亩产1 000千克左右，水肥好的条件上，高产可达1 200千克以上。

（3）KWS2564：生育时间125天，穗位100厘米，株型紧凑，茎秆坚韧，抗倒伏性极强。适合多风地区种植，由于后期果穗脱水快，适合机械收获。栽培密度5 500～7 500株/亩，个体调节能力极强，定苗时需要隔株留双苗，要求高水肥管理，目前这两个品种出苗整齐，生长旺盛，目标产量1 000～1 200千克/亩。

（4）伊单42：中晚熟玉米杂交种，全生育期128天，株型紧凑，穗上叶片短小，活秆成熟。株高302厘米，穗位116厘米，穗长19～22厘米，穗粗5厘米，出籽率85.3%，穗行数16～20行，百粒重36.2克，淀粉含量70%。稳产性好，高水肥条件下亩产1 000千克以上。对玉米瘤黑粉病、玉米丝黑穗病、玉米茎腐病、玉米霜霉病有很强的抗病能力。有效积温3 300℃，无霜期150天，5—9月平均气温20℃以上的地区均可种植。亩保留株数5 500株。

（5）KX1568：株型半紧凑且清秀，上部叶上冲，下部叶片较平展，叶片厚茸毛长，害虫不易啃食，适合密植，株高290厘米左右，穗位110厘米左右，抗倒伏能力强，果穗长筒形，穗长22厘米，穗行数16～18，行粒数42，穗轴细，红色，籽粒脱水快。千粒重370克，产量1 000千克/亩，高产1 250千克/亩。生育期125天左右，适宜种植密度5 500～6 000株/亩。

（6）QF1688：该品种属于中晚熟品种，生育期125～127天，活秆成熟，植株生长健壮，次生根发达，株型为上大下小、上部节间细长、穗位以下节间粗壮，穗位在1～1.1米，籽粒深长，硬粒性、穗轴为红色，单穗出籽率高达85%以上，雄穗分枝少，花粉量大，雌穗亲和力高。

（7）KWS3376：属中早熟品种，在偏凉地区春播成熟期110天左右。在南疆麦后复播生育期85～90天，株型紧凑清秀，株高250厘米，穗位80～90厘米，穗长18～22厘米，穗行数14～16行，行粒数42～45粒，千粒重350克左右，出籽率90%。该品种穗位低，抗倒伏，耐密性好，籽粒灌浆快，收获后籽粒脱水快，适合大面积

机械收获。适宜北疆：伊犁、塔城、阿勒泰及昌吉沿天山一带半戈壁、半冷凉区域春播，更适合南疆麦收后复播。

（8）KX 9384：株型紧凑且清秀，茎秆坚韧，根系发达，抗倒能力强，需要有效积温 2 300℃，生育期为 110 天左右。株高约 260 厘米，穗位约 90 厘米，穗长约 17 厘米，穗轴 4. 6 厘米，穗行数 12～16，行粒数 36，籽粒排列整齐，品质好，籽粒黄色偏马齿型，穗轴粉色，千粒重 230 克，出籽率高。

参考文献

蔡慧琴. 2016. 河南省汝阳县：玉米出现分蘖的原因及去留问题［EB/OL］. http：//www. farmers. org. cn/Article/ShowArticle. asp? ArticleID = 803559

柴森. 2016. 玉米机械化作业应注意哪些问题［EB/OL］. http：//www. farmers. org. cn/Article/ShowArticle. asp? ArticleID = 688024

鼎吉农业. 2016. 史上最全玉米种植 60 问［EB/OL］. https：//sanwen8. cn/p/1a8OjBv. html.

富硒帮富硒食品. 2011. 玉米病虫草鼠害防治技术 200 问［EB/OL］. http：//www. 360doc. com/content/11/1025/15/7197533_ 159065231. shtml.

贾友江. 2014. 春玉米施肥五字经［EB/OL］. http：//www. chinanyjs. com/news/20651536. html

李德智. 1999. 小麦播种机的使用方法［J］. 农家顾问（10）：40.

李少昆，王克如，等. 2013. 西北灌溉玉米田间种植手册［M］. 北京：中国农业出版社.

刘巽浩. 1992. 耕作学［M］. 北京：中国农业出版社.

刘永刚. 2004. 春播制种玉米田间缺苗的原因与预防［J］. 种子科技（5）：287 - 288.

农业信息网. 2017. 玉米增产实用技巧［EB/OL］. http：//www. nyxxwang. com/61741. html 青河县 . 2013. 如何实现玉米的高产高效节水灌溉［EB/OL］. http：//alt. xjkunlun. cn/wnfw/syjs/2013/3990099. htm

天津农林牧局. 1982. 小麦生产技术问答［M］. 天津：天津

科学技术出版社.

王荣栋，尹经章. 1996. 作物栽培学［M］. 乌鲁木齐：新疆科技卫生出版社.

王晓勇. 2017. 小麦抗旱增产技术要领［EB/OL］. http：//www.cuncunle.com/forum－40002－article－9021485216737942－1.html

小麦价格信息网. 2015. 小麦冬灌有什么好处，小麦冬灌最佳时间［EB/OL］. http：//www.cnjidan.com/news/737582/

新疆兴农网. 2011. 春季麦苗发黄的原因分析及防治［EB/OL］. http：//www.xjkunlun.cn/ycjy/syjs/ls/2011/2108840.htm

张新寰. 1996. 新疆玉米［M］. 乌鲁木齐：新疆科技卫生出版社.